U0872099

专用于国家职业技能鉴定

国家职业资格培训教程

# 核设备无损检测工

## 渗透检测

中国核工业集团有限公司人力资源部
中国核能电力股份有限公司
组织编写

中国原子能出版社

**图书在版编目（CIP）数据**

核设备无损检测工. 渗透检测 / 中国核工业集团有限公司人力资源部，中国核能电力股份有限公司组织编写. —北京：中国原子能出版社，2021.3

国家职业资格培训教程

ISBN 978-7-5221-1292-3

Ⅰ. ①核… Ⅱ. ①中…②中… Ⅲ. ①核设施–渗透检验–技术培训–教材 Ⅳ. ①TL75

中国版本图书馆 CIP 数据核字（2021）第 045144 号

**核设备无损检测工　渗透检测**

---

**出版发行** 中国原子能出版社（北京市海淀区阜成路 43 号　100048）

**责任编辑** 张　琳

**责任校对** 冯莲凤

**责任印制** 赵　明

**印　　刷** 保定市中画美凯印刷有限公司

**经　　销** 全国新华书店

**开　　本** 787 mm×1092 mm　1/16

**印　　张** 10

**字　　数** 250 千字

**版　　次** 2021 年 3 月第 1 版　2021 年 3 月第 1 次印刷

**书　　号** ISBN 978-7-5221-1292-3　　**定　价　70.00 元**

---

**网址：http://www.aep.com.cn**　　**E-mail：atomep123@126.com**

**发行电话：010-68452845**

国家职业资格培训教程

# 核设备无损检测工
# 渗透检测

## 编审委员会

| | |
|---|---|
| **主　任** | 余剑锋 |
| **副主任** | 祖　斌 |
| **委　员** | 王安民　赵积柱　陈　桦　顾　健 |
| | 霍颖颖　陈璐璐　周　伟　周汇东 |
| | 聂　勇　蔡家藩　李　姝　陈　昱 |
| | 张士军　刘玉山　何　石 |
| **主　编** | 聂　勇　杨崇安 |
| **编　者** | 王金龙　吴海林　汪兆军 |
| **主　审** | 李祝松 |
| **审　者** | 周汇东　蔡全旺　沈德贵 |

# 前　　言

为推动核行业特有职业技能培训和职业技能鉴定工作的开展，在核行业特有职业从业人员中推行国家职业资格证书制度，在人力资源和社会保障部的指导下，中国核工业集团有限公司人力资源部组织有关专家编写了《国家职业资格培训教程——核设备无损检测工》（以下简称《教程》）。

《教程》以国家职业标准为依据，内容上力求体现“以职业活动为导向，以职业技能为核心”的指导思想，紧密结合实际工作需要，注重突出职业培训特色；结构上针对本职业的职业活动的领域，按照模块化的方式，针对核设备无损检测工职业领域特点，分别按超声、射线、涡流、泄漏、磁粉、渗透、目视七种无损检测方法各自成册。《教程》中的章对应于职业标准的“职业功能”，节对应 “工作内容”；每节包括“学习目标”“生产准备”“工艺操作”及“自检”等单元，涵盖了职业标准中的“技能要求”和“相关知识”的基本内容。此外，针对职业标准中的“基本要求”，还专门编写了《核设备无损检测工（基础知识）》一书，内容涉及：职业道德、专业基础知识、安全文明生产与环境保护知识、金属材料加工工艺及典型缺陷特征、质量管理知识和相关法律、法规知识等。

《教程》适用于核设备无损检测工的初级、中级、高级、技师、高级技师培训，是核设备无损检测工职业技能鉴定的指定辅导用书。

《教程》由聂勇、杨崇安、蔡军、周大禹、余荆生、夏建文、王卓巍、卢威、张运平、张涵、左畅、董兴、余自力、刘轶群、曾玉华、陈霞、黄晓锋、陈胜宇、李宜全、高谊、岳晓明、吕为、帅军、王金龙、吴海林、刘波、潘越峰等编写，由李祝松、周汇东、蔡全旺、沈德贵审核。《教程》由核动力运行研究所、中核建中核燃料元件有限公司和中核北方核燃料元件有限公司负责编写，核动力运行研究所统稿。

由于编者水平有限，时间仓促，加之科学技术的发展，教材中不足与错误之处在所难免，欢迎提出宝贵意见和建议。

**中国核工业集团有限公司人力资源部**

**中国核能电力股份有限公司**

# 目　　录

## 第一部分　渗透检测的物理原理及技术基础

## 第二部分　核设备渗透检测操作技能

# 第一部分　渗透检测的物理原理及技术基础

**学习目标：**

初级工：了解核设备常用无损检测方法的相关术语和常用符号；熟悉渗透检测基础知识；了解渗透检测的物理化学基础、渗透检测用光，掌握常用检测设备及渗透检测剂的分类及作用；熟悉常用渗透检测方法、各方法的操作步骤，以及核设备常见缺陷及显示的基本知识、记录要求。了解相关显示的初步判定和检测报告单的格式和填写要求。

中级工：掌握常用无损检测方法的相关术语和常用符号以及渗透检测基础知识；了解渗透检测的物理化学基础、渗透检测用光，熟悉常用检测设备及渗透检测剂的分类及作用；熟悉常用渗透检测方法及各方法的操作步骤；掌握核设备常见缺陷及显示的基本知识、记录要求。了解相关显示的初步判定和检测报告单的格式和填写要求。

高级工：掌握渗透检测基础知识；了解渗透检测的物理化学基础、渗透检测用光，熟悉常用检测设备、渗透检测剂的分类及作用；掌握常用渗透检测方法、各方法的操作步骤及优缺点，以及核设备常见缺陷及显示的基本知识、记录要求。了解相关显示的初步判定；掌握无损检测报告单的格式和填写要求。熟悉渗透检测原理、工艺卡的编制要求、核设备相关无损检测标准和规范；了解检测系统的工作原理和操作方法，以及缺陷产生机制、特征与评定方法；掌握质量分级的规定、报告的编制要求。

技师：掌握渗透检测基础知识；熟悉渗透检测的物理化学基础、渗透检测用光，以及常用检测设备、渗透检测剂的分类及作用；掌握常用渗透检测方法、各方法的操作步骤及优缺点、核设备常见缺陷产生机制、评定方法及质量分级的规定；熟悉核设备相关无损检测标准和规范；掌握规程的编制、检测仪器校验规程的编写；能编写无损检测报告、培训教材；了解掌握无损检测的新技术、新知识和新工艺。

高级技师：熟悉渗透检测基础知识、物理化学知识、渗透检测用光、检测设备及渗透检测剂的分类及作用；掌握常用渗透检测方法、各方法的操作步骤及优缺点、核设备常见缺陷产生机制、评定方法及质量分级的规定；熟悉核设备相关无损检测标准和规范；掌握规程的编制、检测仪器校验规程的编写；能编写无损检测报告、培训教材；能根据技术条件编制专用渗透检测工艺、验收标准和检测规程；熟悉核设备制造工艺；具有检测可靠性的分析评定的能力；掌握无损检测的新技术、新知识和新工艺。

# 第一章　渗透检测的基础知识

## 第一节　渗透检测的基本原理

渗透检测(简称 PT)是一种以毛细作用原理为基础的检测非多孔性金属、非金属材料和零件(半成品、成品和使用过的零件)的表面开口缺陷的无损检测方法。它与射线检测(简称 RT)、超声检测(简称 UT)、磁粉检测(简称 MT)、涡流检测(简称 ET)、泄漏检测(LT)和目视检测(VT)一起,称为 7 种常用的无损检测方法。

渗透检测的工作原理是:工件表面被施涂含有荧光染料或着色染料的渗透剂后,在毛细作用下,经过一定时间,渗透剂可以渗入表面开口缺陷中;去除工件表面多余的渗透剂,经干燥后,再在工件表面施涂吸附介质——显像剂;同样在毛细作用下,显像剂将吸引缺陷中的渗透剂,即渗透剂回渗到显像剂中;在一定的光源下(黑光或白光),缺陷处的渗透剂痕迹被显示(黄绿色荧光或鲜艳红色),从而探测出缺陷的形貌及分布状态。

渗透检测的基本操作步骤见图 1-1 所示。

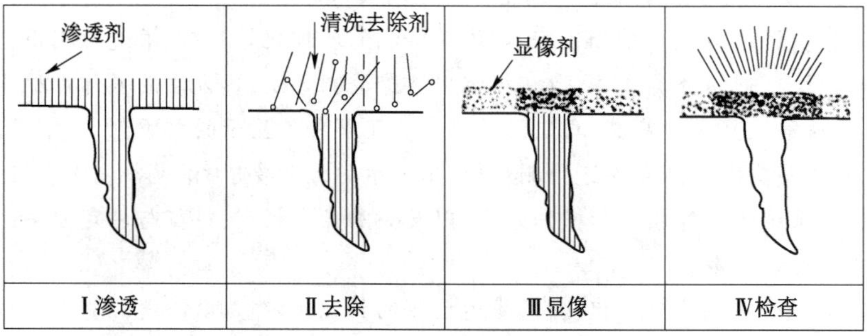


图 1-1　渗透检测的基本操作步骤

## 第二节　渗透检测的适用范围

同其他无损检测方法一样,渗透检测也是以不破坏被检测对象的使用性能为前提,以物理、化学、材料科学及工程学理论为基础,对各种工程材料、零部件产品进行有效地检测,借以评定它们的完整性、连续性及安全可靠性。渗透检测是实现质量控制、节约原材料、改进工艺、提高劳动生产率的重要手段,也是设备维修中不可缺少的手段。

渗透检测可以用于工艺制造过程中的制品检测、最终成品检测及在役零部件的维修检测。荧光渗透检测在航空、航天、兵器、舰艇、原子能等国防军事工业领域中应用特别广泛。着色渗透检测在特种设备行业及船舶、机械行业里应用广泛;特种设备行业包括锅炉、压力容器、压力管道等承压设备及电梯、起重机械、客运索道、大型游乐设施等机电设备。

渗透检测适用于非多孔性金属材料承压设备在制造、安装及使用中产生的表面开口缺陷的检测。

渗透检测可以检测金属(钢、耐热合金、铝合金、镁合金、铜合金)和非金属(陶瓷、塑料)工件(半成品、成品和使用过的零件)的表面开口缺陷,例如,裂纹、疏松、气孔、夹渣、冷隔、折叠和氧化斑疤等。这些表面开口缺陷,特别是细微的表面开口缺陷,一般情况下直接目视检测是难以发现的。

# 第三节　渗透检测的优点和局限性

## 一、渗透检测的优点

渗透检测的优点如下:

(1) 渗透检测不受化学成分限制。可以检测磁性材料,也可以检测非磁性材料;可以检测黑色金属,也可以检测有色金属,还可以检测非金属(塑料、上釉陶瓷及玻璃等)的非多孔性材料。

(2) 渗透检测不受被检工件结构限制。可以检测焊接件和铸件,也可以检测压延件和锻件,还可以检测机械加工件。

(3) 渗透检测不受缺陷形状(线性缺陷或体积型缺陷)、尺寸和方向的限制。只需一次渗透检测即可以同时检测开口于表面的所有缺陷。

(4) 渗透检测具有较高的检测灵敏度,从目前渗透检测水平来看,超高灵敏度的渗透检测可清晰地显示宽 0.5 μm、深 10 μm、长度为 1 mm 左右的细微裂纹;有关资料介绍渗透检测的最高灵敏度可达 0.1 μm。

(5) 渗透检测的显示直观,容易判断。操作方法快速、简便。它还具有设备简单、携带方便,检测费用低,适于野外工作等优点。

## 二、渗透检测的局限性

渗透检测的局限性如下:

(1) 渗透检测只能检出零件和材料的表面开口缺陷,对被污染物堵塞或经机械处理(如喷丸、抛光和研磨等)后开口被封闭的缺陷不能有效地检出。见图 1-2 所示。

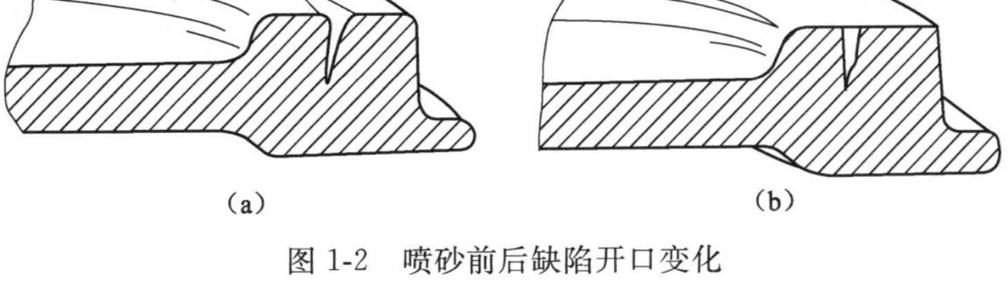

(a)　　　　(b)

图 1-2　喷砂前后缺陷开口变化

(a) 喷砂前;(b) 喷砂后

(2) 渗透检测不适于检测多孔性或疏松材料制成的工件和表面粗糙的工件，因为检测多孔性或疏松材料制成的工件时，会使整个表面呈现强的荧光背景，以致掩盖缺陷显示；而工件表面太粗糙时，易造成假象，降低检测效果。

(3) 渗透检测只能显示出缺陷的表面分布，难以确定缺陷的实际深度，因而很难对缺陷做出深度方向的定量评价。另外，渗透检测的检出结果受操作者的影响也较大。

## 思考题

1. 什么叫渗透检测？
2. 简述渗透检测的工作原理。
3. 简述渗透检测的适用范围。
4. 渗透检测操作有哪几个基本步骤？
5. 简述渗透检测的优缺点。

# 第二章　渗透检测的物理化学基础

## 第一节　表面张力与表面张力系数

### 一、自然界的三种物质形态

自然界物质有三种形态:气态、液态和固态,即气、液及固三相,相应的介质是气体、液体和固体。

物质的相与相之间的分界面称为界面。一般存在如下几种界面:液—气界面、固—气界面、液—液界面和液—固界面。人们已经习惯把有气相参与组成的相界面叫表面,其他的相界面叫界面,例如把液—气界面称为液体表面,把固—气界面称为固体表面,其实两者并无严格区分,常常通用。

在液—气表面,我们把跟气体接触的液体薄层称表面层。在液—固界面,我们把跟固体接触的液体薄层称附着层。表面层的分子,一方面受到液体内部分子的作用,另一方面受到气体分子的作用。附着层的分子,一方面受到液体内部分子的作用,另一方面受到固体分子的作用。

### 二、表面张力与表面张力系数概念

液体的表面层跟液体内部的分子比较起来,是处在特殊状态中,因此,就产生了一些特殊的现象。

液体具有流动性。一定量的液体(例如水)置于一定几何形状的容器中,在液体自身重量的作用下,液体呈盛着它的容器的几何形状,而且表面是水平的。但是,少量液体的表面并不是这样。例如,荷叶上的小水滴,草叶上的露珠是近于球形的。又例如,在水平的玻璃片上,小水银珠成球形,大水银珠成扁平状;如果在成球形的小水银珠上盖一块玻璃片,小水银珠会被玻璃片压扁。但是,去掉上面盖着的玻璃片,即去除外加的压力,小水银珠又会恢复成球形。大水银珠成扁平状,是因为水银珠的重量比较大,它的形状受到重力的影响也比较大。如果可以设法消除水银珠的重量对其形状的影响,那么大水银珠也能成为球形。

我们知道,体积一定的几何形体中,球体的表面积最小。因此,一定量的液体从其他形状变为球形时,就伴随着表面积的减小。另外,液膜也有自动收缩的现象。上述实例都说明液体表面有收缩到最小的趋势。这是液体表面最基本的特性。

根据力学知识知道,液体能够从其他形状变为球形是由于有力的作用。我们把这种存在于液体表面,使液体表面收缩的力称为液体的表面张力,常以 $f$ 表示。

表面张力一般以表面张力系数表示,表面张力系数可定义为单位长度上的表面张力。它的作用方向与液体表面相切。表面张力系数是液体的基本物理性质之一,通常以毫牛顿/

米(mN/m)或牛顿/米(N/m)为单位,以 $\alpha$ 表示。

一般而言,表面张力系数与液体的种类和温度有关,一定成分的液体,在一定的温度和压力下有一定的表面张力系数 $\alpha$ 值。不同液体 $\alpha$ 值不同;同一液体,表面张力系数 $\alpha$ 值随温度上升而下降;但有少数金属熔融液体的表面张力系数 $\alpha$ 值随温度上升而增高,例如铜、镉等金属的熔融液体。容易挥发的液体与不容易挥发的液体相比,其表面张力系数 $\alpha$ 更小。含有杂质的液体比纯净的液体的表面张力系数 $\alpha$ 要小。

### 三、表面张力的产生机制

液体里的分子是在不停地振动着。在液体内部,每一个分子的周围都有许多别的分子,所以当一个分子从平衡位置向某一方向运动的时候,它就受到它所离开的那方向的分子的拉引,同时还受到它所靠拢的那方向的分子的推斥。可是,在液体表面的分子,当它从平衡位置向外运动的时候,只受到液体内部分子的拉引(气体分子对它的作用力很小,可以略去不计);因此,它所受的使它回到平衡位置的力就比在液体内部小些,这就使液体表面层的分子振动的振幅比起液体内部大些,分子间的距离也就大些。以此可知,液体表面层分子的分布要比液体内部稀疏些。

处于液体表面的分子受到一种垂直指向液体内部的压力,液体的表面越小,则受到这种压力的分子的数目就越少,系统的能量相应地就越低,于是液体表面有自行收缩的趋势;另外,处于液体表面的分子,分布比较稀疏,表面分子间存在相互吸引的力。这样,就使得液体表面能够实现自行收缩。这些就是液体表面张力的产生机制。液体分子间的相互作用力是表面张力产生的根本原因。

### 四、界面张力与界面能

正如液体的自由表面具有表面张力与表面能一样,液—液界面与液—固界面等两相之间的界面也有类似的界面张力与界面能。

存在于液—液界面、液—固界面,使界面收缩(或铺张)的力称界面张力。渗透检测时,渗透剂—受检物体就是液—固界面,它们之间存在着界面张力。两相之间的化学性质越接近,它们之间的界面张力越小;界面张力值总是小于两相各自的表面张力之和。

液态的金属化合物在固态金属(液态的金属化合物中的金属)上具有较低的界面张力;液态盐类化合物在固态氧化物(液态盐类中的相关氧化物)上具有较低的界面张力。

同液体的表面张力一样,界面张力也使其界面有自发减小的趋势。

## 第二节　润湿现象

### 一、润湿(或不润湿)现象

如果在玻璃板上放一滴水银,它总是收缩成球形,能够滚来滚去而不润湿玻璃,这种现象叫做不润湿现象。对玻璃来说,水银是不润湿液体。如果清洁的玻璃板放一滴水,它非但不收缩成球形,而且要向外扩展,形成一薄片,这种现象叫做润湿现象。水是玻璃的润湿液体。

润湿作用是一种表面及界面过程。自最普遍的意义而言，表面上的一种流体被另一种流体所取代的过程就是润湿。因此，润湿作用必然涉及三相，而至少其中两相为流体。在一般实践中，润湿是指固体表面上的气体被液体取代，有时是一种液体被另一种液体所取代。因此，润湿现象是固体表面的结构与性质，固—液两相分子间相互作用等微观特性的宏观表现。

因为水或水溶液是特别常见的取代气体的液体，所以，一般就把能增强水或水溶液取代固体表面空气的能力的物质称为润湿剂。

将一滴液体滴在固体平面上，可有三种界面，即有液—气、固—气及固—液界面。与该三种界面一一对应，存在三个界面张力。液—气界面存在液体与气体的界面张力，即液体的表面张力 $\gamma_L$，它力图使液滴表面收缩。固—气界面存在固体与气体的界面张力 $\gamma_S$，它力图使液滴表面铺开。液—固界面存在固体与液体的界面张力 $\gamma_{SL}$，它力图使液滴表面收缩。液—固界面与界面处液体表面的切线所夹的角 $\theta$，称为接触角。接触角也可定义为液—固界面经过液体内部到液—气界面之间的夹角。

## 二、润湿的三种方式和润湿的四个等级

1. 润湿的三种方式

润湿有三种方式：沾湿润湿、浸湿润湿及铺展润湿。

沾湿润湿是指液体与固体接触，变液—气界面和固—气界面为固—液界面的过程。

浸湿润湿是指固体浸入液体中的过程。该过程的实质是固—气界面为固—液界面所代替，而液体表面在过程中无变化。

铺展润湿的实质是在以固—液界面代替固—气界面的同时，液体表面还同时扩展。

使用接触角 $\theta$ 可以判定润湿以何种方式进行。当 $\theta \leqslant 180°$ 时，可发生沾湿润湿现象；当 $\theta \leqslant 90°$ 时，可发生浸湿润湿现象；当 $\theta \leqslant 0°$ 时（或不存在），发生铺展润湿现象。

2. 润湿的四个等级

在工程上，常用完全润湿、润湿、不润湿和完全不润湿四个等级，来表示不同的润湿性能。

当接触角 $\theta$ 为 0°，即 $\cos\theta=1$ 时，液滴在固体表面接近于薄膜的形态，这情况称为完全润湿。当接触角 $\theta$ 在 0° 到 90° 之间，即 $0<\cos\theta<1$ 时，液滴在固体表面上成为小于半球的球冠，这种情况称为润湿。当接触角 $\theta$ 在 90° 到 180°，即 $-1<\cos\theta<0$ 时，液滴在固体表面上成为大于半球的球冠，这种情况称为不润湿。当接触角 $\theta$ 为 180°，即 $\cos\theta=-1$ 时，液滴在固体表面上成为球形，它与固体之间仅有一个接触点，这种情况称为完全不润湿。

同一种液体，对不同的固体而言，它可能是润湿的，也可能是不润湿的。例如水能润湿干净无油的玻璃，但不能润湿石蜡；水银不能润湿玻璃，但能润湿干净的锌块。固体材料表面粗糙，会导致 $\theta$ 角变化，$\theta$ 角小于 90° 时，表面粗化将使 $\theta$ 角变小；$\theta$ 角大于 90° 时，表面粗化将使 $\theta$ 角变大。

渗透检测中，渗透剂对被检工件表面的良好润湿是进行渗透检测的先决条件。只有当渗透剂充分润湿被检工件表面时，才能渗入狭窄的缝隙；此外，还要求渗透剂能润湿显

像剂,以便将缺陷内的渗透剂吸出从而显示缺陷。因此润湿性能是渗透剂的重要指标,综合反映了液体的表面张力和接触角两种物理性能指标。润湿性好的渗透剂具有很小的接触角。

### 三、润湿(或不润湿)现象的产生机制

润湿(或不润湿)现象的产生,也是分子力作用的结果。

当液体跟固体接触时,形成一层与固体接触的液体薄层,叫做附着层。附着层里的分子,一方面受到液体内部分子的吸引,另一方面又受到固体分子的吸引。

如果固体分子间的引力比液体分子间的引力强,附着层内分子分布就比液体内部更密,分子间距较小,附着层里就出现相互推斥的力,这时液体跟固体接触的面积就有扩大的趋势,形成了润湿现象。如果固体分子间的引力比液体分子间的引力弱,附着层内分子的分布就比液体内部稀疏,附着层里就出现跟表面张力相似的收缩力,这时液体跟固体接触的面积就有缩小的趋势,形成了不润湿现象。

如果在水溶液中加入适当的润湿剂,则其表面张力、固体与液体的界面张力和接触角都将发生变化(降低),使润湿性能也跟着发生变化。例如水不能润湿石蜡,但在水中加入适当的润湿剂后,水就能润湿石蜡。

## 第三节 毛细现象

### 一、毛细现象

拿一根很细的玻璃管,把它的一端插入装在玻璃容器里的水中。由于水能润湿管壁,所以可看到水在这根管子里上升,水呈凹面,并且高出容器的水面。管子的内径越小,它里面上升的水面也越高。如果把这根细玻璃管插入装在玻璃容器里的水银里,由于水银不能润湿管壁,所以发生的现象正好相反,管里的水银面呈凸面,并且比容器里的水银面低一些。管子的内径越小,它里面的水银面就越低。

润湿液体在毛细管中呈凹面并且上升,不润湿液体在毛细管中呈凸面并且下降的现象,称为毛细现象。能够发生毛细现象的管子叫做毛细管。

毛细现象并不限于一般意义上的毛细管。例如,两平板间的夹缝,各种形状的棒、纤维、颗粒堆积物的空隙都是特殊形式的毛细管,甚至将一片固体插入液体中所发生的边界现象也可作为毛细现象来研究。

毛细管曲率半径越小,管子越细,则上升高度越高,即润湿液体在很细的管子里上升特别显著。若毛细管曲率半径一定,则表面张力越大,润湿作用越强,液体密度越小,液体上升高度越高。

注意:表面张力大的液体,润湿作用弱。

### 二、毛细现象的产生机制

毛细现象的发生是由表面层和附着层的特殊情况决定的,是附着层的收缩力或推斥力

与表面张力共同作用的结果。

对于润湿液体,由于它跟毛细管内壁接触的附着层里存在着推斥力(详见润湿现象的产生机制),使附着层内的液体沿管壁上升引起液面的弯曲凹面,液体表面变大;但是,表面张力的收缩作用要使液面减少,于是,管内液体随着上升,以减少液面的面积;当表面张力向上的拉力作用跟管内升高的液柱重量相等时,管内液体停止上升。

反之,对于不润湿液体,由于附着层里存在着收缩力(详见不润湿现象的产生机制),使附着层里的液体沿管壁下降引起液面的弯曲凸面;但是,液体表面张力的收缩作用产生的附加压强,指向液体内部,对液体施加正压力,要使液面减少,于是,管内液体下降;如此循环,使液体下降一定距离,达到平衡。

## 三、渗透检测中的毛细现象

1. 渗透与毛细作用

渗透检测中,渗透剂对受检工件表面开口缺陷的渗透,实质是渗透剂的毛细作用。例如渗透剂对表面点状缺陷(如气孔、砂眼等)的渗透,就类似于渗透剂在毛细管内的毛细作用;渗透剂对表面条状缺陷(如裂纹、夹渣和分层断面上的缝隙等)的渗透,就类似于渗透剂在间距很小的两平行平板间的毛细作用。毛细作用的产生是由缺陷处渗透剂附着层的推斥力和渗透剂表面张力共同作用的结果。对被检工件而言,渗透剂是润湿液体,它与缺陷内壁接触的附着层里存在推斥力,使附着层里的渗透剂沿着缺陷内壁上升,引起渗透剂表面的弯曲,形成凹面,液面表面变大;但是,表面张力的收缩作用使液面减少,于是缺陷内渗透剂随着上升,以减少液面的面积;当表面张力向上的拉力作用跟缺陷内升高的渗透剂液柱重量相等时,缺陷内渗透剂停止上升,达到平衡。

毛细作用,使渗透剂渗透到细小而清洁的裂纹中的速度比它渗透到宽裂纹中速度更快。裂纹中如果含有某种污染物,则会使渗透剂表面张力减小,从而使毛细作用减弱。例如使用中的工件和被油与水污染过的疲劳裂纹,被腐蚀产物或其他氧化物所堵塞的应力腐蚀裂纹和晶间腐蚀裂纹就属这种情况,毛细作用明显减弱,渗透时间就需相对延长。

2. 显像与毛细作用

显像是利用显像剂吸附从缺陷中回渗到受检工件表面的渗透剂,形成一个肉眼可见的缺陷显示。显像剂的显像过程同渗透剂的渗透过程一样,是由于毛细现象,来源于液体与固体表面分子间的相互作用力。

显像剂通常有两个基本功能:

(1) 吸附足量的从缺陷中回渗到工件表面的渗透剂。

(2) 通过毛细作用将渗透剂在工件表面横向扩展,使缺陷轮廓图形的显示扩大到足以用肉眼可见。裂纹缺陷中的渗透剂,通过显像剂的吸附及扩展,裂纹缺陷显示尺寸可高达原来裂纹缺陷宽度的许多倍,有的甚至高达 250 倍左右。

显像剂白色粉末颗粒非常细微,颗粒直径只是微米级,它可以形成许多直径很小并且很不规则的毛细管。渗透剂能润湿白色粉末,因此,缺陷中渗透剂容易在上述毛细管中上升,且在受检表面铺展,使缺陷的痕迹得到放大而显示出来。一般干式显像剂或水悬浮显像剂、水溶性显像剂的显像过程都是如此。

# 第四节 吸附现象

## 一、固体表面的吸附现象

如果把棕色的煤油和白土(一种黏土)混合搅拌一定时间后加以澄清,可以看到上面的煤油变得清澈无色,而下面沉淀的白土则变成黄褐色,过滤后即可得到精制的无色煤油。这种有色物质自一相迁移至界面并富集于界面的过程即为吸附。上例即为有色物质从煤油液相中迁移至白土与煤油的固—液界面。物质自一相内部富集于界面的现象即为吸附现象。

吸附现象在各种界面上皆可发生,除上述固—液界面外,尚可在液—液界面、固—气界面及液—气界面上发生。

当固体和液体或气体接触时,凡能把液体或气体中的某些成分聚集到固体表面上来的现象,就是固体表面上发生的吸附现象。能起吸附作用的固体称为吸附剂,例如显像剂粉末、活性炭、硅胶、分子筛等;被吸附在固体表面上的液体或气体称为吸附质。例如在显像过程中,显像剂粉末吸附缺陷中回渗的渗透剂,显像剂粉末是吸附剂,渗透剂是吸附质。

衡量吸附剂的吸附能力,常用吸附量这个技术参数,它是指单位质量的吸附剂所吸附的吸附质质量,有时也是指吸附剂单位表面积上所吸附的吸附质质量。吸附量数值越大,吸附剂吸附能力越强。

一些固体被用作吸附剂,是因为它们有很大的表面积,有很大的比表面($cm^2/g$),所以具有很强的吸附能力。

## 二、液体表面的吸附现象

吸附现象不仅可发生在固体表面(固—液界面和固—气界面),还可发生在液体表面(液—液界面和液—气界面)。

当一种液体与另一种液体(或气体)接触时,凡能把被接触的另一种液体(或气体)中的某些成分吸附到这一种液体上来的现象,就是液体表面的吸附现象。起吸附作用的这一种液体是吸附剂,被吸附的另一种液体是吸附质。

在溶液吸附中(溶液是吸附剂),作为吸附质使用最广的是能降低表面张力和界面张力的表面活性剂。优良的润湿剂、乳化剂、起泡剂和矿物浮选剂都是在此基础上发展起来的。

## 三、物理吸附和化学吸附

按照吸附现象的本质,可将吸附分为物理吸附和化学吸附两类。

物理吸附多在低温下发生,随着温度的升高,吸附量下降。它的特点是吸附热小(吸附为放热过程,数量级与液化热、蒸发热相同);吸附速度快,以致能够迅速建立吸附平衡。物理吸附时,吸附剂表面和被吸附分子之间的作用力系范德华力,作用力很小,其分子状态与气体、液体的分子状态相近。物理吸附可在任何表面上发生而没有选择性。

化学吸附时放出的热量比物理吸附时放出的热量大得多,它与化学反应的热效应为同数量级。在大多情况下,低温时化学吸附速度低,随着温度的升高,吸附速度显著增加。化学吸附只有在高温下才能建立平衡。化学吸附是有选择性的,对吸附剂的性质特别敏感。

化学吸附时,在吸附剂表面和被吸附分子之间能建立较强的化学键。类似于表面化学反应。化学吸附一般在较高温度下发生,随着温度升高,先是吸附量增加,继续升高温度,将发生脱附现象(吸附分子逸去),而使吸附量下降。

### 四、吸附现象的产生机制

与液体不同,固体原子或离子之间的结合力很强。这种很强的结合力,在一般情况下使表面原子处于固定的位置,而不像液体那样可以自由移动。我们肉眼看到的固体表面也是很平的,但是在高倍数的显微镜下,可以看到它的表面并不平整,有的地方稍凸出表面,有的地方很凸出,高高在上。由于固体表面是不均匀的,在不同的位置会有不同的表面过剩自由能,而处于表面凸出的"山尖"上的原子,受周围原子的吸引力最小,具有的表面过剩自由能值最高,可以在更多的方向上吸引空间的其他分子,从而自发降低其能量。这就是固体表面产生吸附的机制。

### 五、渗透检测中的吸附现象

显像过程中,显像剂粉末吸附从缺陷中回渗的渗透剂,从而形成缺陷显示。此吸附现象属于固体表面(固—液界面)的吸附,显像剂粉末是吸附剂,回渗的渗透剂是吸附质。显像剂粉末越细,比表面越大,吸附量越多,缺陷显示越清晰。另外,由于吸附为放热过程,所以,如果显像剂中含有常温下易挥发的溶剂,当溶剂在显像表面迅速挥发时,能大量吸热,从而促进了显像剂粉末对缺陷中回渗的渗透剂的吸附,加快了并且加剧了吸附现象,可提高显像灵敏度。

自乳化渗透法或后乳化渗透法,表面活性剂吸附在渗透剂—水界面,降低了界面张力,使工件表面多余的渗透剂得以顺利清洗。此系液体表面(液—液界面)的吸附现象,渗透剂作为液体油相,水作为液体水相。表面活性剂分子的"两亲"性质,使其能吸附在油—水界面上,降低油—水界面的界面张力从而使清洗顺利进行。

渗透剂在渗透过程中,受检工件及其中的缺陷(固体)与渗透剂接触时,也有吸附现象发生。渗透过程中,提高缺陷表面对渗透剂的吸附,有利于提高检测灵敏度。

渗透检测全过程所发生的吸附现象,主要是物理吸附。

## 第五节　溶解现象及溶解度

一种物质(溶质)均匀地分散于另一物质(溶剂)中的过程叫溶解。所组成的均匀物质叫做溶液(此处指液态溶液,也有固态溶液,如合金)。通常把分子较大的一种或液态物质称为溶剂,较小的一种或固态物质称为溶质。

大部分渗透剂是溶液,其中着色(荧光)染料是溶质,煤油、苯、二甲苯等是溶剂。当染料加入可以溶解它的溶剂中时,染料表面的粒子(分子或离子),由于它们本身的运动和溶剂分子的吸引,就离开了染料的表面而进入溶剂中,以后由于扩散作用,这些染料粒子均匀分布到溶剂的各部分。溶解了的染料粒子在渗透剂中不断地运动,当它们撞击着尚未溶解的染料表面时,又可能重新被吸引住,回到染料上来,这个过程叫结晶。显然,开始时结晶作用不显著,但是随着染料的溶解,渗透剂的浓度增大,结晶的速度渐渐增大。

这种溶质粒子溶解在溶剂中,同时溶解的溶质粒子可能重新吸附到未溶解的溶质粒子的现象称为溶解现象。显然,溶解现象包括溶解及结晶两个过程。

当渗透剂的浓度增加到一定程度时,结晶的速度等于溶解的速度,这时渗透剂的浓度不再改变(假定温度不变),我们说这时的渗透剂已经达到了饱和状态。饱和渗透剂中所含染料的量,就是该染料在该温度下的溶解度。它是指在一定的温度和压力下,一定量溶剂中,染料溶解达到饱和状态时,已溶解了的染料的量。

溶剂的溶解作用与下列因素有关:化学结构相似的物质,彼此容易相互溶解,极性相似的物质彼此容易相互溶解。

物质结构相似相溶是一个经验法则。当物质的结构相似时,即使分子种类不同,但分子间的作用力非常接近。所以,把溶质分子分散在溶剂分子之间就比较容易,即溶质和溶剂两者分子的化学结构越类似,就越能相互溶解。

物质极性相似相溶也是一个经验法则。当物质的极性相似时,则物质分子间的作用力很接近,物质之间能互溶。

# 第六节 表面活性与表面活性剂

## 一、表面活性的定义

图 2-1 表示三类不同物质水溶液的表面张力与浓度的关系曲线。

曲线 1,表面张力($f$)在较低浓度($C$)时,随浓度增加急剧下降,表面张力降至一定程度后(此时,溶液浓度仍然很小)便下降很慢或不再下降。有时,溶液中含有某些杂质时,可能出现表面张力最低值(如虚线所示)。一般肥皂、洗涤剂等物质的水溶液就有此曲线所示的性质。

曲线 2,表面张力随浓度增加逐渐下降,例如乙醇、丁醇、醋酸等物质的水溶液就有此曲线所示的性质。

曲线 3,表面张力随浓度增加而稍有上升,例如氯化钠、硝酸钾、盐酸等无机物的水溶液就有此曲线所示的性质。

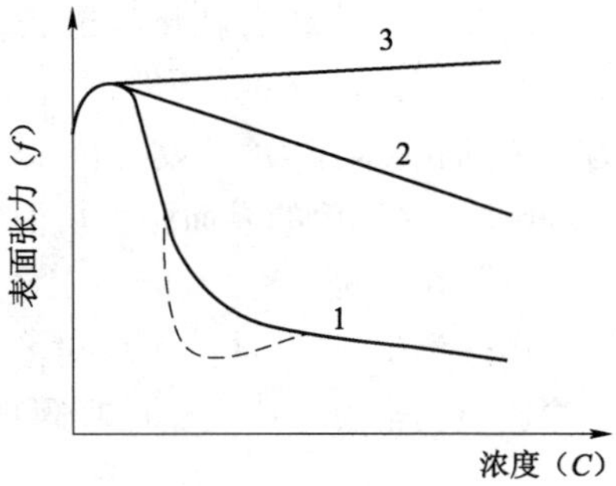


图 2-1 三类不同物质水溶液的表面张力($f$)与浓度($C$)的关系曲线

我们将凡能使溶剂的表面张力降低的性质称为表面活性(对比溶剂而言)。具有这种性质的物质称为表面活性物质。对于水,这一广泛使用的极其重要的溶剂而言,具有图 2-1 中曲线 1 及曲线 2 所示性质的物质即具有表面活性,而具有曲线 3 所示性质的物质则无表面活性。

表面活性剂是随其浓度增加可使溶剂表面张力下降比较急剧的表面活性物质。

## 二、表面活性剂的 H.L.B 值

表面活性剂是否易溶于水,即亲水性大小是项非常重要的指标。非离子型表面活性剂的亲水性,可用亲水基的相对分子质量大小来表示,称做亲憎平衡值,即 H.L.B 值,H.L.B 越高亲水性越强。

如果知道 H.L.B 值，就可知该表面活性剂的适当用途。表面活性剂的 H.L.B 值与其作用的对应关系见图 2-2 所示。

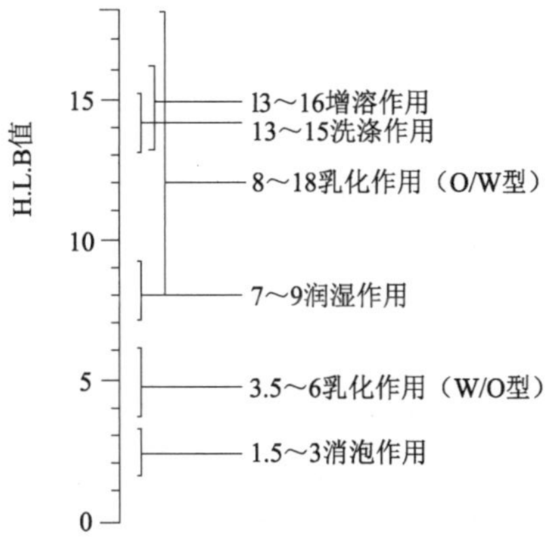


图 2-2　表面活性剂的 H.L.B 值与其作用的对应关系

## 三、乳化作用

### 1. 乳化现象及乳化剂

油和水混在一起，即使用力摇晃，可以暂时混合，但很不稳定，静置后又会分成两层。这是由于油水接触面上存在界面张力，起着相互排斥和尽量缩小其接触面积的作用，使油水不能相混。

如果在油水混合液中加入少量表面活性剂，油就会变成许许多多的微粒，分散于水中，呈乳状液，静置后也很难分层。由于表面活性剂的作用使本来不能混合到一块的两种液体能够混合在一起的现象称乳化现象。具有乳化作用的表面活性剂称乳化剂。

### 2. 乳化形式

乳状液是一种液体分散于另一种不相混溶的液体中形成的胶体分散体系，外观常呈乳白色不透明液状，乳状液之名即由此而得。乳状液中以液珠（一般如此，但也可以是其他形状）形式存在的那一相称为分散相，或称内相、不连续相；另一相是连成一片的，称为分散介质，或称外相、连续相。

常见的乳状液，都有一相是水或水溶液，通常称为“水”相；另一相是与水不相混溶的相，有机相，通常称为“油”相。外相为“水”内相为“油”的乳状液叫做水包油型的乳状液。以 O/W 表示“水包油”，牛奶即为 O/W 型乳状液。乳状液的外相为“油”内相为“水”时，则称为油包水型的乳状液。以 W/O 表示“油包水”，油田生产的原油即为 W/O 型乳状液。

使用乳化剂时，形成的乳状液究竟是 O/W 型，还是 W/O 型，取决于具有乳化作用的表面活性剂的亲憎平衡值即 H.L.B 值。H.L.B 值高，亲水性好；H.L.B 值低，亲油性好。当 H.L.B 值为 8～18 时，亲水性好，易形成 O/W 型乳状液，即易形成水包油型乳状液；当 H.L.B 值为 3.5～6 时，易形成 W/O 型乳状液，即易形成油包水型乳状液。

降低界面张力和形成保护膜是乳状液稳定形成的两个主要因素，也是乳化现象的产生机制。而且，后一因素更重要。

### 3. 渗透检测中的乳化现象

渗透检测时，使用后乳化型渗透法，去除工件表面多余的渗透剂，一般使用水包油型（O/W 型）乳化剂进行乳化清洗。

后乳化型渗透剂是乳化的对象，由于乳化的目的是要将工件表面多余的渗透剂清洗掉，故乳化剂还应有良好的洗涤作用。H.L.B 值在 11～15 范围内的乳化剂，既具有乳化作用，又有洗涤作用，是比较理想的去除剂。

# 思考题

1. 什么叫表面张力及表面张力系数？它们有哪些特征？
2. 什么是界面张力？它与表面张力系数有何联系？
3. 什么是润湿？润湿有哪三种方式？它对渗透检测有何影响？
4. 什么是接触角？如何使用接触角去判定四种不同的润湿性能？
5. 什么叫毛细现象？简述渗透检测中的毛细现象。
6. 简述显像剂的基本功能及显像机制。
7. 什么叫吸附现象？简述固体表面的吸附现象、吸附剂及吸附质。
8. 简述渗透检测中的吸附现象。
9. 试用简图阐述什么叫表面活性？什么叫表面活性剂？
10. 表面活性剂的H.L.B值不同，对应的作用也不同，请简述其对应关系。
11. 什么叫乳化现象？什么叫乳化剂？
12. 简述渗透剂渗入缺陷的作用机制。

# 第三章　渗透检测的光学基础

## 第一节　光的本性

### 一、光是电磁波

“光”这个词，通常指的是与视觉有关的那一类辐射电磁能。广义来说，光包括电磁波谱的整个辐射范围。因此，通常说光是一种电磁波。光速等于电磁波的波速。光与其他电磁波一样，也能产生反射、折射、干涉、衍射等，它们的区别只是频率(或波长)范围的不同。由于频率的不同，呈现出不同的特性。

按照电磁波的频率(或波长)的高低排列起来形成电磁波谱，它们分别称为γ射线、X射线、紫外线、可见光、红外线、微波、无线电波，以及甚长电磁波，可参见图3-1及表3-1所示。

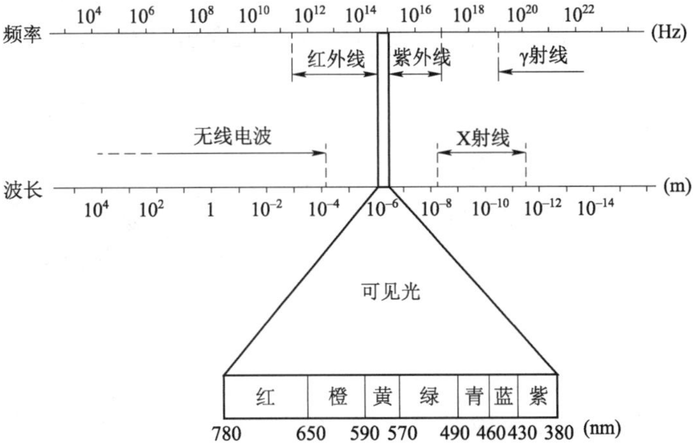


图3-1　电磁波波谱图

**表3-1　电磁波谱表**

| 名称 | 频率/Hz | 波长/m |
|---|---|---|
| 无线电波 | $10^{4}\sim3\times10^{12}$ | $3\times10^{4}\sim1\times10^{-4}$ |
| 红外线 | $10^{12}\sim3.9\times10^{14}$ | $3\times10^{-4}\sim7.7\times10^{-7}$ |
| 可见光 | $3.9\times10^{14}\sim7.5\times10^{14}$ | $7.7\times10^{-7}\sim4\times10^{-7}$ |
| 紫外线 | $7.5\times10^{14}\sim5\times10^{16}$ | $4\times10^{-7}\sim6\times10^{-9}$ |
| X射线 | $3\times10^{16}\sim3\times10^{20}$ | $10^{-8}\sim10^{-12}$ |
| γ射线 | $3\times10^{19}$以上 | $10^{-11}$以下 |

可见光包括七种颜色的光，按照光的频率由低到高，依次为红、橙、黄、绿、青、蓝、紫。光的颜色由光的频率决定，不同色的光，频率不同，在可见光范围内，红光频率最低，紫光频率最高。红外线存在于可见光谱红光区域以外，显著特性是热作用。紫外线存在于可见光谱紫光区域以外，显著特性是化学作用。红外线、可见光和紫外线，它们的产生都是原子能级跃迁(原子中外层电子能级跃迁)的结果。

空间传播的光(包括不可见光)线的能量，并不是连续地分布的，而是由一个一个能量子组成的。这些能量子被定名为光子(光量子)。光是具有质量(静止质量为零)、能量和动量的粒子所组成的粒子流。光子能量的大小与它的频率成正比。

### 二、光的波粒二象性

光在传播时，主要表现出波动的性质。光在跟物质作用时，主要表现出粒子的性质。研究大量光子产生的效果主要显示出波动性。研究个别光子产生的效果又显示出粒子性。波长短的电磁波粒子性显著，波长长的电磁波波动性显著。光同时具有波动性和粒子性，这就是光的波粒二象性。用电磁波理论能解释光的折射、干涉、衍射和色散等，用光子说能解释光电效应。无论是电磁说，还是光子说，说的都只是光的局部而不是全部性质。总之，光既不是经典意义上的“单纯的”波，也不是经典意义上的“单纯的”粒子。

## 第二节 发光及光致发光

### 一、发光

发光的物体称为光源，也称为发光体。

按光的激发方法来说，利用热能激发的光源，称为热光源，例如白炽灯；利用化学能、电能或光能激发的光源称为冷光源，例如荧光及磷光。但是，光的发射不能仅仅归因于发射体的温度。

在“发光”一词前加一适当前缀，同样也可以命名表征其他机制激发的发光。例如，还可以按照高能态向低能态跃迁的不同形式，将发光分为自发辐射发光和受激辐射发光两种形式。通常所使用的光源，例如白炽灯、霓虹灯、日光灯、高压水银灯等都是自发辐射光源；而激光就是受激辐射光源，它是与绝大多数发光系统的常规激发发光不一样的。不考虑激发的方式，那么，引起发光的原子和电子现象基本上都是一样的。因此，将发光现象细分成上述种种类型并不是根本性的区别，主要是为理解方便。

### 二、光致发光(荧光、磷光)

许多原来在白光下不发光的物质，在紫外线等外辐射源的作用下，能够发光，这种现象称光致发光。这种发光的时间，有长有短。有些物质的发光，当外辐射源停止作用后，经过极短的时间(约$\leqslant 10^{-8}$ s)就消失了，这种发光称为荧光。有些物质的发光，当外辐射源停止作用后，经过很长的时间(至许多小时)才停止发光，这种发光称磷光。外辐射源停止作用后，仍然能持续发光的物质称磷光物质。外辐射源停止作用后，立即停止发光的物质，称荧光物质。荧光渗透剂中的荧光染料是一种荧光物质。

### 三、渗透检测用光

眼睛之所以能看见物体,是由于物体对我们的眼睛引起光的感觉。不发光的物体,只要受到发光体的照射,能反射出光来引起眼睛的感觉,我们同样的可以看见。着色检测时,缺陷的红色显示及背景的白色显示,是因为在发光体照射下(直接照射或间接照射),它们都能反射出光来引起眼睛的感觉,从而,使我们能用眼看见它们。

着色渗透检测时,使用可见白光,其波长范围为400～760 nm,可由白炽灯或日光灯等光源得到。荧光渗透检测时,使用紫外线,它是一种比可见光更短波长的不可见光。这种光是看不见的,所以又称黑光。荧光渗透检测所用紫外线,波长范围为330～390 nm,中心波长约365 nm,属于黑光,也称A类紫外辐射。一般使用高压黑光水银灯作光源可得到紫外线。其有生理作用,常用它来杀菌。紫外线还具有化学作用,能使底片感光。

紫外线能使荧光渗透剂产生荧光,荧光渗透检测就是以荧光渗透剂受紫外线照射而激发产生荧光这一现象为基础的。荧光渗透检测常用的荧光,其波长为510～550 nm,呈黄绿色。

## 第三节 光度学

光度学是一门研究光的计算和测量的科学。光度学通常涉及发光强度、光能量等的计算及测量。

各种光源发光的强弱是不同的,即使是同一个光源,它向不同方向发光的强弱也不一定相同。为了说明光源发光强弱的这种特性,引入了发光强度这个概念,继而引出了光通量、辐射通量和照度等概念。

(1) 发光强度是指光源向某方向单位立体角发射的光通量,单位是坎德拉(cd)。

(2) 光通量是指能引起眼睛视觉强度的辐射通量,单位是流明(lm)。

(3) 辐射通量是指辐射源(例如光源)单位时间内向给定方向所发射的光能量,即以辐射的形式发射、传播和接收的功率,故又称辐射功率,单位是瓦特(W)。

(4) 单位面积上的辐射通量是辐射强度,单位:瓦(特)/米$^2$,(W/m$^2$)。(1 W/m$^2$= 100 μW/cm$^2$)。

(5) 光视效能表示辐射通量(功率)产生光通量的效率。因为人眼仅对波长为400～700 nm的辐射敏感,即辐射体只有在此有限区域内的辐射才能引起视觉的感觉,人眼的视见灵敏度随波长而变,亮适应条件下的标准观察者,公认的最大值是在550 nm波长上680 lm/W,如果把所有波长上每个光谱光视效能值都除以最大值(680 lm/W),那么就得到辐射功率的光谱光视效率(视见函数)$V(\lambda)$,它是无量纲的。人眼对波长为一定值的黄绿色光最敏感。

(6) 照度是指被照射物单位面积上所接受的光通量,单位是勒克司(lx)。1 lx= 1 lm/m$^2$,即被均匀照射的物体,1 m$^2$ 面积上所得到的光通量是1 lm时,它的照度就是1 lx。照度是表示物体被照明的程度。

发光强度为1 cd的光源在一个球面度内的光通量就是1 lm。

显然,对于面积一定的表面,照射到它上面的光通量越大,这个表面的照度也越大;如果光通量的大小一定,被均匀照射的表面面积越大,表面的照度就越小。

渗透检测时,工作场地保持一定的照度,对于确保渗透检测灵敏度及提高工作效率是非常必要的。一般要求,着色渗透检测时,被检物表面上可见光照度应在 500 lx 以上。荧光渗透检测时,被检物表面上的紫外线强度应不低于 1 000 $\mu W/cm^2$,暗室内可见光照度应不大于 20 lx(紫外线,按黑光源的间接评定方法测定)。除了注意到照度的强弱,还必须注意照度的均匀和稳定,强光源的光直射到眼里以及明暗交替过剧的光线,对眼睛视觉都是有害的。因此,当利用强光源照明时,要把光源挂得高些,或安装适当的反射设备;从明亮处进入黑暗处,应有黑暗适应时间,从黑暗处进入明亮处,应有恢复时间等都是必须采取的措施。

## 第四节　对比度和可见度

### 一、对比度

某个显示和围绕这个显示的表面背景之间的亮度和颜色之差,称为对比度。对比度可用两者间的反射光或发射光的相对量来表示,这个相对量称为对比率。

试验测量结果表明,从纯白色表面上反射的最大光强度约为入射光强度的 98%,从最黑的表面上反射的最小光强度约为入射白光强度的 3%。这表明黑白之间能得到的最大对比率为 33:1。实际上要达到这个比值是极不容易的。试验测量结果表明,黑色染料显示与白色显像剂背景之间的对比率为 90%:10%,即 9:1,而红色染料显示与白色显像剂背景之间的比率却只有 6:1。

荧光显示与不发荧光的背景之间的对比率数值却比颜色对比率高得多,即使周围环境有微弱的白光存在,这个对比率值仍可达 300:1,有时可达 1 000:1,在完全暗的理想情况下,对比率值甚至可达无穷大。因为这是发光显示与不发荧光的背景之间的对比率。由于着色渗透检测时的对比率远小于荧光渗透检测,因此荧光渗透检测有较高的灵敏度。

着色渗透检测时,红色染料显示与白色显像剂背景之间应形成鲜明的色差。荧光渗透检测时,背景的亮度必须低于要求显示的荧光亮度。

### 二、可见度

可见度表征相对于背景及外部光等条件,渗透剂形成可用人眼直接观察到的缺陷显示的能力。所谓背景是缺陷显示周围的衬底。

人眼具有复杂的观察机能,在强白光下,人眼对光强度的微小差别不敏感,而对颜色和对比度差别的辨别能力很强。着色渗透检测时,红色缺陷显示能在白色背景上形成较大的色差,人眼在强白光下的辨别能力很强。在暗光中,人眼辨别颜色和对比度差别的本领很差,却能看见微弱发光的物体。在暗视场中,人眼直接观察发光的小物体时,感觉到的光源尺寸要比真实物体大,这是因为人眼有自动放大作用。因为当光的亮度降低时,眼睛的瞳孔会自动放大,以便吸收更多的光。所以,从明亮处进入黑暗处,必须过一段时间,才能看见周围的东西,这种现象称为黑暗适应。黑暗适应所需要的时间因人而异,它取决于检测人员的年龄及健康状况等因素。对于突光渗透检测而言,黑暗适应时间通常 5 min 就够了。不过,要完全适应黑暗条件,一般需要 20 min。同样,从黑暗处进入明亮处,也需要足够的恢复时间。人的眼睛对各色光的敏感性是不同的，对黄绿色光最敏感，在黑暗处黄绿色光具有最好的可见度。荧光渗透检测时采用的荧光渗透剂，在紫外线照射下，发黄绿色荧光，因而缺陷显示在暗室里具有最好的可见度。

## 思考题

1. 什么叫光源？光源分为哪几类？着色渗透检测时所用白炽灯、高压水银灯属什么光源？荧光渗透检测时，荧光渗透剂发出的荧光属什么光源？

2. 可见光、紫外线及荧光三者的区别是什么？试写出三者的波长范围。

3. 什么叫光致发光？什么叫磷光物质、荧光物质？荧光染料属于哪类物质？

4. 简述发光强度、光能量、辐射通量、照度及光视效能的定义及其单位。

5. 渗透检测时，缺陷与缺陷显示尺寸有何区别？浅而宽的缺陷与细而长的缺陷，渗透检测时，各应注意哪些主要问题？

6. 什么叫可见度？它与哪些因素有关？

7. 什么叫对比度和对比率？从对比度和对比率方面叙述荧光检测和着色检测的差别。

# 第四章　渗透检测设备和器材

## 第一节　便携式设备

### 一、便携式装置的构成

便携式装置也称便携式压力喷罐装置，它通常是由渗透液喷罐、清洗/去除剂喷罐、溶剂悬浮显像剂喷罐及擦布（纸巾）、灯、毛刷、金属刷等物质所组成。通常将它们装在一个小箱子里，这就是便携式渗透检测箱。

如采用荧光渗透检测法，则所带的灯应是黑光灯；如采用着色渗透检测法，则为照明灯。对现场检测和大工件的局部检测，采用便携式设备非常方便。

### 二、压力喷罐的结构

常用内压式渗透检测材料（渗透液、清洗/去除剂、溶剂悬浮湿式显像剂）压力喷罐结构见图 4-1(a)所示。

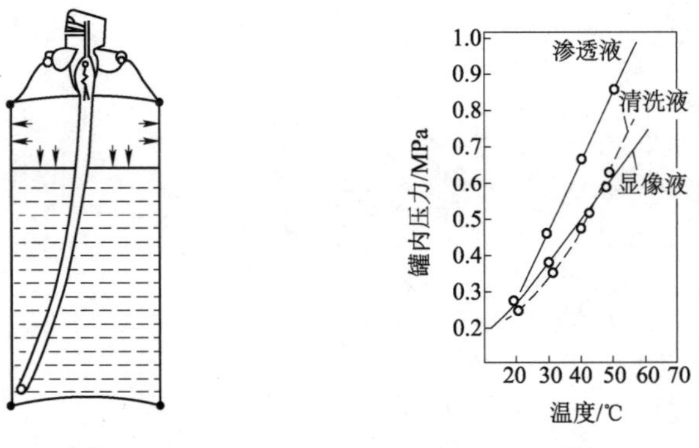


(a)　　　　(b)

图 4-1　内压式渗透检测剂喷罐示意图及喷罐内压力和温度的关系

(a) 结构示意图；(b) 压力和温度的关系

喷罐一般由渗透检测剂的盛装容器和渗透检测剂的喷射机构两部分组成。盛装容器内装有渗透检测剂和气雾剂。气雾剂采用乙烷或氟利昂等，通常在液态时装入压力喷罐渗透检测剂的盛装容器内，常温下汽化，形成高压。使用时只要按下压力喷罐头部的阀门，渗透检测剂就会成雾状从压力喷罐头部的喷嘴自动喷出。

压力喷罐内压力因渗透检测剂和温度不同而异，温度越高，压力越高。40 ℃左右可产生 0.29～0.49 MPa 的压力。见图 4-1(b)所示。

压力喷罐内盛装溶剂悬浮湿式显像剂或水悬浮湿式显像剂时，罐内均有数个弹子。使用前应充分摇晃弹子，通过弹子的充分运动，使沉淀下来的固体显像剂粉末重新悬浮起来，重新成为细微颗粒均匀分布状。这样喷射出来的液体显像剂才能成为雾状，才能在受检表面形成显像剂均匀薄层。

### 三、使用喷罐注意事项

使用喷罐时应注意以下事项：

（1）喷嘴应与工件表面保持一定距离。这是因为渗透检测剂材料刚从喷嘴喷出时，由于气流集中，使渗透检测剂材料呈液滴状，而还未形成雾状；太近时，会使渗透检测剂材料施加不均匀。

（2）因喷罐内的压力随温度的升高而增大，故喷罐不宜放在靠近火源、热源处，以免因受热后，罐内压力过高而引起爆炸；特别是使用石油液化气作为气雾剂的喷罐，切忌接近火源，以免引起火灾。

（3）喷罐空罐需遗弃时，应先破坏其密封性后，方可遗弃。

## 第二节　固定式设备

工作场所的流动性不大，工件数量较多，要求布置流水作业线时，一般采用固定式检测装置，而且基本上是采用水洗型或后乳化型渗透检测方法，主要的装置有：预清洗装置、渗透装置、乳化装置、显像装置、干燥装置和后处理装置。

### 一、预清洗装置

常用的预清洗装置有三氯乙烯蒸气除油槽、碱性或酸性腐蚀槽、超声波清洗装置、洗涤槽和喷枪等。这些装置都比较简单。

人体吸入三氯乙烯是有害的，在操作时，工件进出槽口要缓慢，防止过多的蒸气带出槽外。要经常添加三氯乙烯，防止加热器露出液面，否则会引起过热而产生剧毒气体。操作现场禁止抽烟，防止吸入有毒气体。

### 二、渗透装置

工件施加渗透剂的装置和工艺方法应保证渗透剂能均匀地施加于工件表面上，特别重要的是使工件的每个部位都能覆盖上渗透剂。理想的渗透剂施加装置应能回收多余的渗透剂，这样可以避免渗透剂的大量损失。采用自动传递装置进行大批量检测时，要把传送装置布局好，以便受检工件通过渗透剂施加装置到乳化装置或水洗装置的传送过程中，有适当的滴落时间。

渗透装置主要包括渗透液槽、滴落架、工件筐、毛刷、喷枪等。

为便于进行流涂或喷涂操作，最好在渗透液槽中加装一个小油泵，并在油泵上安装软管喷嘴。

在寒冷地区，渗透液槽还应备有加热装置，必要时可对渗透液加温。

## 三、乳化装置

对于后乳化渗透检测方法来说,乳化剂施加装置的用途是将乳化剂施加到工件表面并使其与渗透剂混合,从而使渗透剂能够被水清洗。后乳化操作的关键,是控制缺陷内的渗透剂不要被清洗掉。为此,理想的操作是在尽可能短的时间内使乳化剂完全覆盖工件表面。浸入法是常用的方法。大型工件不能采用浸入法时,也可采用喷涂方法,多路喷涂可使工件表面获得均匀的覆盖层。

乳化装置与渗透装置相似。但是,乳化装置中一般需安装搅拌器,以便定期或不定期对乳化剂进行搅拌。

搅拌器可采用泵式或浆式,但最好采用浆式搅拌器。通常不宜采用压缩空气搅拌,因为采用压缩空气搅拌时,会伴随产生大量的乳化剂泡沫。大量的乳化剂泡沫,会影响渗透检测操作者的视线。

## 四、水洗装置

水洗是为了去掉工件表面上多余的渗透剂,而不得把缺陷内的渗透剂去除掉,要防止过洗。流水线上检测时,应设有自动水洗装置,水流应喷洗到所有表面。单纯的浸洗效果不太好。大型工件,使用浸洗方法可迅速停止乳化剂作用,然后采用手工喷洗。用冷水清洗去除工件表面多余的渗透剂,清洗时间需要长一些;已经进入缺陷内的渗透剂,一般情况下不太可能被水洗掉。水洗操作过程,应经常观察背景,检查水洗程度,防止过洗。

常用的水洗装置有:搅拌水槽、喷洗槽、喷枪等。

## 五、干燥设施

常用的干燥设施为热空气循环干燥器,它是由加热器、循环风扇和恒温控制系统所组成。干燥箱温度通常不超过 70 ℃。

## 六、显像装置

显像装置分为湿式和干式两大类,干式和湿式显像所用装置是不一样的。

显像剂施加装置在渗透检测设备流水线中的安放位置应视显像剂的类型而定。对湿式显像剂而言,显像剂施加装置直接放在干燥装置之前;对干式显像剂而言,显像剂施加装置要放在干燥装置之后。

干式显像装置有喷粉柜和喷粉槽等。

湿式显像装置的结构与渗透液槽相似,也是由槽体和滴落架组成。显像槽中安装浆式搅拌器,以进行不定期的搅拌;压缩空气搅拌会产生气泡和泡沫,故不推荐使用。有的装置还装有加热器和恒温控制器。

## 七、检测室

采用着色渗透检测法时,应有白光照明。采用荧光渗透检测法时,必须有暗室或暗区。室内应装有标准的黑光光源,还应备有黑光光源内窥镜,以便于检测工件的深孔位置。暗室还应配备白光照明装置,作为一般照明和白光下评定缺陷用。

光照强度应能满足相关标准或技术要求的规定。

检测场地应设置料架，供存放合格和报废的工件用。合格与报废工件应作相应标记并分开存放。

### 八、后清洗装置

对于后清洗装置的要求，取决于工件的预期使用。最低限度，应把多余的渗透剂及工件表面的显像剂清洗掉。采用水性洗涤剂清洗就是清洗大量小工件的有效方法。用溶剂清洗也是有效方法。经检测合格的工件，从渗透检测线交出的工件，不应有残余渗透剂，应呈清洁可用状态。

### 九、废液处理设备

渗透检测过程中产生的废液，包括废弃的渗透液、乳化剂、去除剂及显像剂等，都必须经过处理，其质量满足国家(或地方)有关的污水排放标准后，才能排放。故必须建立相应的废液处理设备。

### 十、整体式渗透检测装置

1. 渗透检测的整体装置及其特点

根据被检工件的大小、数量和现场的情况，将渗透检测的各种分离型装置按检测工艺程序合理地排列，组成一个整体，即构成渗透检测的整体装置。

整体装置占地面积小，各部分连接紧凑，既适于连续的大批量中小型工件的渗透检测，也适于大型工件的检测，还便于进行自动检测，达到高效的目的。

2. 渗透检测的整体装置简介

常见的整体装置形式是多种多样的。排列形式有“一”字型、“L”字型和“U”字型等多种。工件可在滚道上传送，也可用吊车吊运，也可两者结合使用。

## 第三节 试 块

### 一、试块及其作用

试块是指带有人工缺陷或自然缺陷的试件，它是用于衡量渗透检测灵敏度的器材，故也称灵敏度试块。渗透检测灵敏度是指在工件或试块表面上发现微细裂纹的能力。

在渗透检测中，试块的主要作用为下述 3 个方面：

(1) 灵敏度试验：用于评价所使用的渗透检测系统和工艺的灵敏度及其渗透液的等级。

(2) 工艺性试验：用以确定渗透检测的工艺参数，如渗透时间、温度，乳化时间、温度，干燥时间、温度等。

(3) 渗透检测系统的比较试验：在给定的检测条件下，通过使用不同类型的检测剂和工艺的比较，以确定不同渗透检测系统的相对优劣。

## 二、常用试块

渗透检测中，常用试块主要有铝合金试块(A型对比试块)、镀铬试块(B型试块)、黄铜板镀镍铬层裂纹试块(C型试块)等。每种试块或试片均有其优缺点，现将其介绍如下。

1. 铝合金试块(A型对比试块)

铝合金试块也称A型试块，其形状和尺寸如图4-2所示。

试块由同一试块剥开后具有相同大小的两部分组成，并打上相同的序号，分别标以A、B记号，A、B 试块上均应具有细密相对对称的裂纹图形。铝合金试块的其他要求应符合JB/T6064相关规定。

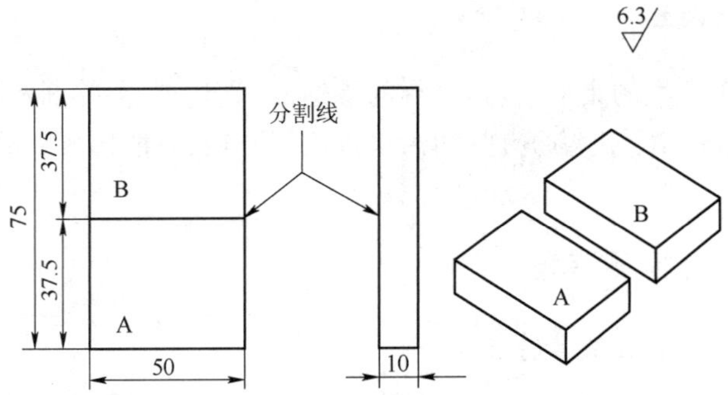


图4-2 铝合金试块示意图

2. 镀铬裂纹试块(B型试块)

将一块材料为S30408或其他不锈钢板材加工成尺寸如图4-3所示试块，在试块上单面镀铬，镀铬层厚度不大于150 μm，表面粗糙度Ra=1.2～2.5 μm，在镀铬层背面形成中央选相距约25 mm的3个点位，用布氏硬度法在其背面施加不同负荷，在镀铬面形成从大到小、裂纹区长径差别明显、肉眼不易见的3个辐射状裂纹区，按大小顺序排列区位号分别为1、2、3。裂纹尺寸分别见表4-1所示。

**表4-1 三点式B型试块表面的裂纹区长径** mm

| 裂纹区次序 | 1 | 2 | 3 |
|---|---|---|---|
| 裂纹区长直径 | 3.7～4.5 | 2.7～3.5 | 1.6～2.4 |

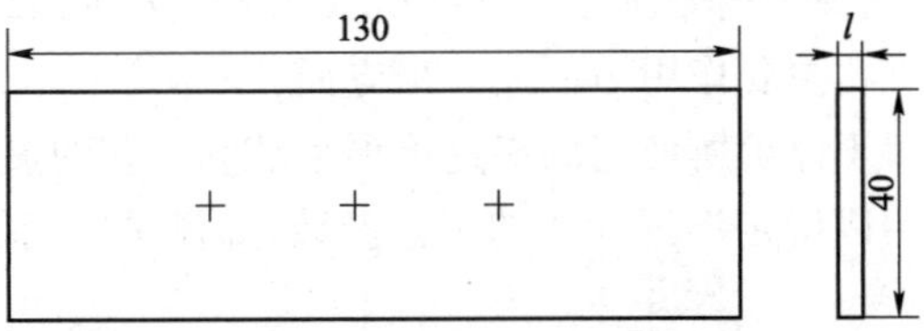


说明：

*l*——试块厚度3～4 mm。

图4-3 不锈钢镀铬裂纹试块示意图

3. 黄铜板镀镍铬层裂纹试块(C 型试块)

黄铜板镀镍铬层裂纹试块又称 C 型试块,其形状如图 4-4 所示。

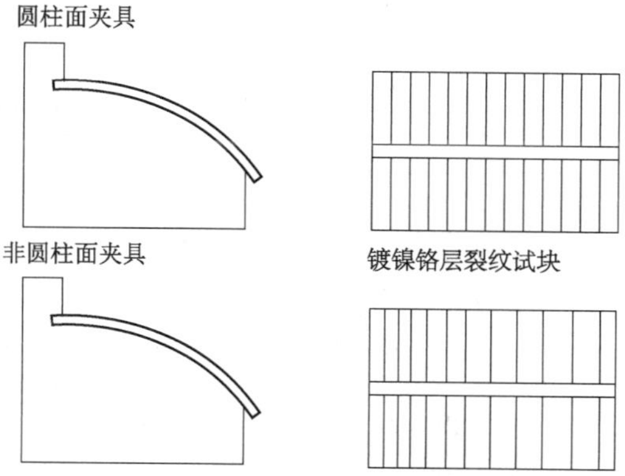


图 4-4　黄铜板镀镍铬层裂纹试块

黄铜板镀镍铬层裂纹试块的优点是,通过控制镀层厚度可以控制裂纹深度,改变弯曲的程度可以控制裂纹宽度,事实上操作起来仍有难度。另一个优点是裂纹的尺寸很小,可作为高灵敏度渗透检测剂的性能测定,而且不易堵塞,可以多次重复使用。其缺点是镀层形成光滑镜面使渗透检测剂易于洗去,与实际工件表面状况差异较大,制作也比较困难。

## 三、试块的用途

1. 铝合金试块的用途

(1) 用途

NB/T 47013.5—2015 规定:

1) 在正常使用情况下,检测渗透检测剂能否满足要求,以及比较两种渗透检测剂性能的优劣;

2) 对用于非标温度下的渗透检测方法做出鉴定。

当渗透检测不能在 5～50 ℃ 温度范围内进行时,应使用铝合金试块对检测方法做出鉴定。

(2) 鉴定方法

1) 温度低于 5 ℃ 条件下渗透检测方法的鉴定

在试块和所有使用材料都降到预定的温度后,将拟采用的低温检测方法用于 B 区。在 A 区用标准方法进行检测,比较 A、B 两区的裂纹显示痕迹。如果显示痕迹基本上相同,则可以认为准备采用的方法经过鉴定是可行的。

2) 温度高于 50 ℃ 条件下渗透检测方法的鉴定

如果拟采用的检测温度高于 50 ℃,则需将试块 B 加温并在整个检测过程中保持在这一温度,将拟采用的检测方法用于 B 区。在 A 区用标准方法进行检测,比较 A、B 两区的裂纹显示痕迹。如果显示痕迹基本上相同,则可以认为准备采用的方法经过鉴定是可行的。

2. 镀铬试块的用途

NB/T 47013.5—2015 规定:

镀铬试块主要用于检测渗透检测剂系统灵敏度及操作工艺正确性。

灵敏度等级分类如下：A 级，B 级，C 级。

不同灵敏度等级在镀铬试块上可显示的裂纹区位数应按表 4-2 的规定。

**表 4-2 灵敏度等级**

| 灵敏度等级 | 可显示的裂纹区位数 |
| --- | --- |
| A 级 | 1～2 |
| B 级 | 2～3 |
| C 级 | 3 |

3. 黄铜板镀镍铬层裂纹试块的用途

黄铜板镀镍铬层裂纹试块主要用于鉴定各类渗透检测剂性能和确定灵敏度等级。

### 四、试块使用注意事项

NB/T 47013.5—2015 规定：

(1) 着色渗透检测用试块不能用于荧光渗透检测，反之亦然。

(2) 发现试块有堵塞或灵敏度有所下降时应及时修复或更换。

(3) 试块使用后要用丙酮进行彻底清洗，清除试块上的残留渗透检测剂。清洗后，再将试块放入装有丙酮或者丙酮和无水乙醇的混合液体(体积混合比为 1:1)密闭容器中浸渍 30 min，干燥后保存，或用其他有效方法保存。

应当指出：在一般情况下，铝合金淬火裂纹试块的使用次数不多于 3 次，因为在大气中，铝表面会氧化。

## 第四节 检测光源与测量仪器

### 一、白光灯

白光灯是着色渗透检测必备的照明装置。常用的有白炽灯、日光灯、高压水银灯等。

着色渗透检测所用白光灯，被检工件表面上的白光照度应不低于 1 000 lx。

### 二、黑光灯

黑光灯是荧光渗透检测必备的照明装置。荧光检测需要中心波长为 365 nm 的黑光来激发荧光渗透剂产生荧光。黑光光源一般采用水银石英灯，水银石英灯也称黑光灯。黑光灯中石英内管中充有水银和氖气。开始通电时，主电极与辅助电极首先通过氖气产生电极放电。由于限流电阻的作用，使放电电流相当小，但足以使管中水银蒸发。由于水银蒸发，导致两主电极之间产生电弧放电，黑光灯开始点燃。开始点燃时，两电极间放电并不稳定。一般要等 5～15 min 才能稳定下来。两电极稳定放电时，管中水银蒸气压力达 0.4～0.5 MPa。所以，黑光灯也称高压黑光水银灯，但高压是指石英管内水银蒸气压力较高。石英管与玻璃外壳之间抽真空或充氮气或惰性气体。黑光灯外壳直接用深紫色玻璃制成,又称黑光屏蔽罩。这种玻璃设计制造成能阻挡可见光和短波黑光通过,而仅让波长为 315～400 nm 的黑光通过。该波长范围的黑光对人眼几乎是无害的。

NB/T 47013.5—2015 规定:黑光灯的紫外线波长应在 315～400 nm 的范围内,峰值波长为 365 nm,距黑光灯滤光片 38 cm 的工件表面的辐照度大于或等于 1 000 $\mu W/cm^2$,自显像时距黑光灯滤光片 15 cm 的工件表面的辐照度大于或等于 3 000 $\mu W/cm^2$。黑光灯的电源电压波动大于 10%时应安装电源稳压器。

1. 黑光灯使用时的注意事项

(1) 使用时应尽量减少不必要的开关次数。

黑光灯点燃并稳定工作后,石英内管中的水银蒸气压力很高,如在这种状态下关闭电源时,则在断电的瞬间,镇流器上产生一个阻止电流减少的反电动势,这个反电动势加到电源的电压上,使两主电极之间的电压高于电源电压,由于此时管内水银蒸气压力很高,会造成高压水银蒸气弧光灯处于瞬时击穿状态,从而减少灯的使用寿命。每断电一次,灯的寿命大约缩短 3 h,为减少镇流器这一副作用,要尽量减少不必要的开关次数。通常每个班只开关一次,即黑光灯开启后,直到本班不再使用时才关闭掉。

(2) 在使用过程中,黑光灯的黑光辐照度会不断降低,或出现强度变化的情况,为保证检测灵敏度,必须对黑光灯进行定期的校验。

2. 产生强度降低或变化的主要原因

黑光灯本身的质量差异。不同的黑光灯,其输出功率可能不相同,即使同一制造厂所生产的黑光灯,其输出功率也可能各不相同,两个灯泡本身的输出功率之差可高达 50%。

黑光灯所输出的功率与所施加的电压成正比,图 4-5 是一个 100 W 的黑光灯的输出功率随电压的改变而变化的曲线。从图中可知:额定电压为 110 V 的灯泡在 120 V 时可得到理想的输出功率,当电压下降至 105 V 时,输出功率下降约 20%。

随着使用时间的不断增加,黑灯的输出功率不断降低,黑光灯在接近寿命终了时,输出功率可能下降至新灯的 25%。使用寿命是制造厂标定的,但实际使用时,由于开关次数的增加会大大降低黑光灯的使用寿命,加之灯泡装在灯罩和滤光片中,散热条件差,也使实际使用寿命降低。

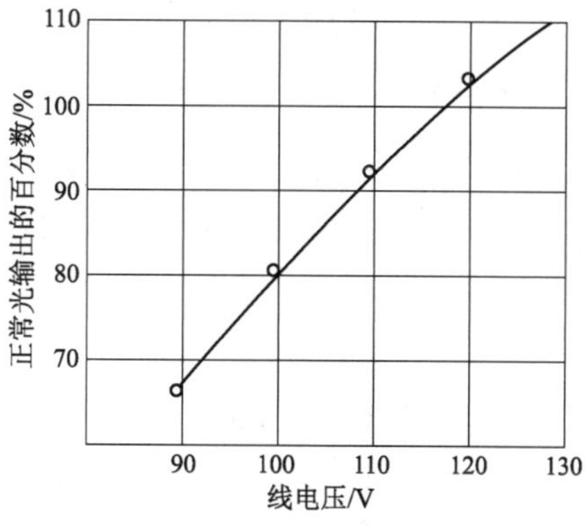


图 4-5 100 W 黑光灯的输出功率随电压的改变而变化的曲线

黑光灯上集积的灰尘将严重地降低黑光灯的输出功率。灰尘积聚严重时，会使输出功率降低一半。

黑光灯的使用电压超过额定电压时，寿命会下降。例如额定电压 110 V 的黑光灯，电压增加到 125～130 V 时，每点燃 1 h，寿命会减少 48 h，如图 4-6 所示。

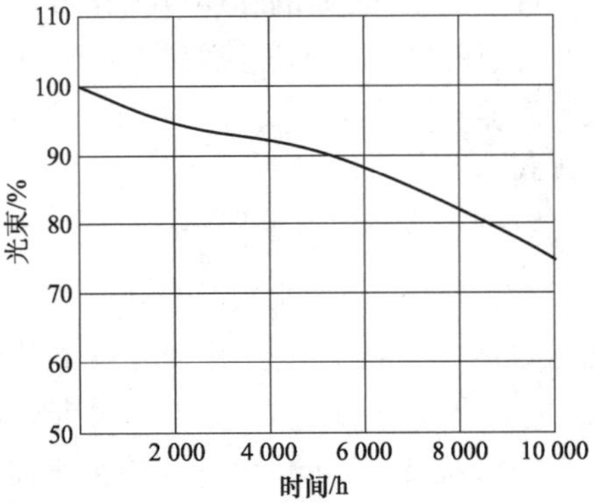


图 4-6 高压水银灯的光束劣化曲线

## 三、渗透检测测量仪器

渗透检测常用的测量设备及仪器有：黑光辐射强度计、白光照度计及荧光亮度计等。白光照度计和黑白两用照度计见图 4-7 所示。

(a) (b)

图 4-7 白光照度计和黑白两用照度计

(a) 白光照度计；(b) 黑白两用照度计

应该指出，作为无损检测单位，应用荧光渗透检测方法时，白光照度计和黑光辐照度计是必须配备的检测辅助器具；应用着色渗透检测方法时，白光照度计是必须配备的检测辅助器具。

1. 白光照度计

白光照度计用于测定被检工件表面白光照度值。

着色渗透检测操作过程和观察缺陷迹痕显示时，工件表面都需要一定的白光照度；荧光渗透检测操作过程和观察缺陷迹痕显示时，则需要控制暗室的白光照度，以提高缺陷迹痕显示的可见度。

国内外渗透检测工艺方法标准，对着色渗透检测被检工件表面的可见光照度提出了要求，对荧光渗透检测暗室的白光照度提出了控制要求。

常用于渗透检测的白光照度计型号有：ST-85 型自动量程照度计和 ST-85C 型照度计。量程是 0～199 900 lx，分辨力为 0.1 lx。白光照度计的量程上限一般应低于 2 500 lx。

2. 黑光辐照度计

黑光辐照度计用于校验黑光源性能和测定被检工件表面黑光辐照度。

荧光渗透检测操作过程和观察缺陷迹痕显示时，工件表面都需要一定的黑光辐照度。

被检工件表面的黑光辐照度，是荧光渗透检测操作评定缺陷迹痕显示的质量保证。国内外荧光渗透检测工艺方法标准，对观察被检工件表面的黑光辐照度都提出了不同的要求，例如自显像荧光渗透检测时，被检工件表面的黑光辐照度不同于一般的荧光渗透检测工艺要求。

黑光辐照度计的波长范围为 315～400 nm，峰值波长为 365 nm，量程上限一般不应低于 3 000 $\mu W/cm^2$。

常用于渗透检测的 UV-A 型黑光辐照度计型号有：J221 型，测量范围为 0～1 200 $\mu W/cm^2$ 和 1 000～6 000 $\mu W/cm^2$；UK-2500Ⅱ型，测量范围为 0～2 500 $\mu W/cm^2$ 和 0～10 000 $\mu W/cm^2$，误差±2.5%。

荧光检测用的黑光辐照度计有两种形式。一种是直接测量法，另一种是间接测量法。

(1) 直接测量法

直接测量法是使黑光灯直接辐射到距黑光灯一定距离处的光敏电池上，测得黑光辐照度值，以 $\mu W/cm^2$ 来表示。这种黑光辐照度检测仪的结构见图 4-8 所示。UK—2500Ⅱ型、J221 型和我国的 ZQT-1 型都属于这种类型的仪器，它们均使用硅光敏电池作为光敏电池。

(2) 间接测量法

间接测量法是使黑光辐射到一块荧光板上(荧光板是将荧光粉黏附在一块薄板上，表面再涂一层透明的聚酯薄膜)，激发荧光板发出黄绿色的荧光，黄绿色的荧光再照射到光电池上，使照度计指针偏转，指示出照度值，以勒克斯为刻度。由于这种检测仪以照度为刻度，故这种仪器又称黑光照度计。我国生产的 ZQJ-2 型、英国阿贾克斯公司生产的 BC195 型等都属于这一类型的仪器。该类仪器的结构如图 4-9 所示。

黑光照度计除可以测量黑光辐照度外，还可以用来比较荧光液的亮度。

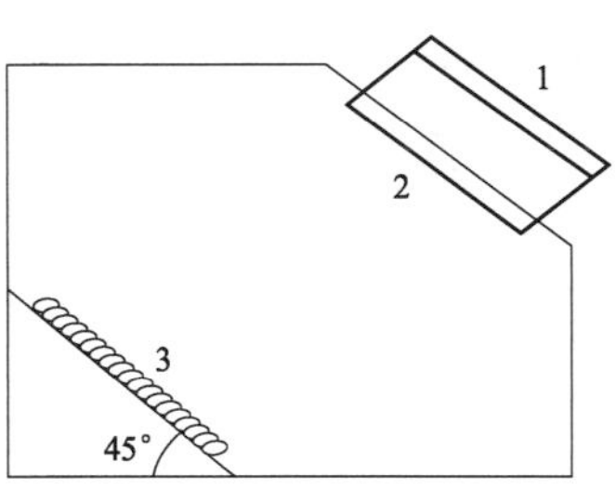


图 4-8 黑光照度计结构图

1—照度计；2—带黄绿色滤光气的光敏电池；3—荧光板

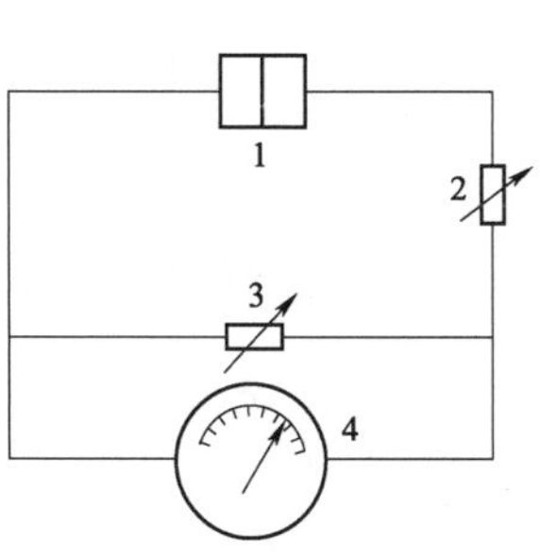


图 4-9 黑光辐射强度计结构图

1—硅光电池；2—电位器；3—分流电阻；4—电表(刻度：$\mu W/cm^2$)

3. 荧光亮度计

荧光亮度计是一种一定波长范围的可见光照度计。NB/T 47013.5—2015 规定:荧光亮度计的波长范围为 430～600 nm,峰值波长为 500～520 nm。

荧光亮度计的作用主要是用于比较两种荧光渗透检测材料性能。它能提供较视觉更为准确一些的判定,而不是荧光显示亮度的真实测定,不是真正的额定亮度。

在实际渗透检测条件下,通常不能用荧光亮度计来可靠地测定实际荧光显示的亮度,因为诸多可变因素以及检测人员缺乏精确控制这些变化能力,即使使用同样的渗透检测材料和程序,再次检测相同的不连续性时,在测定渗透显示的亮度时也会出现较大的差别。

## 思考题

1. 简述压力喷罐的结构及工作原理。
2. 简述压力喷罐的使用注意事项。
3. 简述常用渗透检测试块有哪几种,各有什么用途?
4. 试用简图描述铝合金试块(A 型对比试块)尺寸。
5. 简述试块使用的注意事项。
6. 简述需要检测黑光强度的原因。

# 第五章　渗透检测剂

渗透检测剂主要有渗透剂、去除剂和显像剂三大类。

## 第一节　渗透剂

渗透剂是一种含有着色染料或荧光染料且具有很强的渗透能力的溶液，它能渗入表面开口的缺陷并以适应的方式显示缺陷的痕迹。渗透剂是渗透检测中使用的最关键的材料，其性能直接影响检测的灵敏度。

### 一、渗透剂的分类

1.按染料成分分类

按渗透剂所含染料成分分类，可分为荧光渗透剂、着色渗透剂与荧光着色渗透剂三大类，有时也简称为荧光剂、着色剂、荧光着色剂。荧光渗透剂中含有荧光染料，只有在黑光照射下，缺陷图像才能被激发出黄绿色荧光，观察缺陷图像在暗室内黑光下进行。着色渗透剂中含有红色染料，缺陷显示为红色，在白光或日光照射下观察缺陷图像。着色荧光剂中含有特殊染料，缺陷图像在白光或日光照射下显示红色，在黑光照射下显示黄绿色(或其他颜色)荧光。

2.按溶解染料的基本溶剂分类

按渗透剂中溶解染料的基本溶剂分类，可将渗透剂分为水基渗透剂与油基渗透剂两大类。水基渗透剂以水作溶剂，水的渗透能力很差，但是加入特殊的表面活性剂后，水的表面张力降低，润湿能力提高，渗透能力大大提高。油基渗透剂中基本溶剂是"油"类物质，例如航空煤油、灯用煤油、5 号机械油、200 号溶剂汽油等。油基渗透剂渗透能力很强，检测灵敏度较高。水基渗透剂与油基渗透剂相比，润湿能力仍然较差，渗透能力仍然较低，因此，检测灵敏度也较低。

3.按多余渗透剂的去除方法分类

按多余渗透剂的去除方法分类，可将渗透剂分为水洗型渗透剂、后乳化型渗透剂与溶剂去除型渗透剂三大类。

水洗型渗透剂分为两种：一种是以水为基本溶剂的水基渗透剂，使用这种渗透剂时，可以直接用水清洗去除工件表面多余的渗透剂；另一种是以油为基本溶剂的油基渗透剂，但加有乳化剂而组成自乳化型渗透剂。自乳化型渗透剂中，因为含有一定数量的乳化剂，所以工件表面多余的渗透剂也可以直接用水清洗去除。

后乳化型渗透剂中不含有乳化剂，工件表面多余的渗透剂需要用乳化剂乳化后，才能用水清洗去除掉。根据乳化形式不同，后乳化型渗透剂又分为亲油型后乳化渗透剂与亲水型后乳化渗透剂两种。

使用溶剂去除型渗透剂时,可用有机溶剂将工件表面多余的渗透剂擦除。

4. 按灵敏度水平分类

按渗透检测灵敏度水平分类,可将渗透剂分为很低、低、中、高与超高五类。水洗型荧光渗透剂通常有低、中与高灵敏度水平等,后乳化型荧光渗透剂通常有中、高与超高灵敏度水平等,着色渗透剂通常有低、中灵敏度水平等。

5. 按与受检材料的相容性分类

按照渗透剂与受检材料的相容性,可将渗透剂分为与液氧相容渗透剂和低硫、低氯低氟渗透剂等几种类别。

与液氧相容渗透剂用于与氧气或液态氧接触工件的渗透检测。在液态氧存在的情况下,该类渗透剂与其不发生反应,呈现化学惰性。

低硫渗透剂专门用于镍基合金材料的渗透检测。该类渗透剂不会对键基合金材料产生破坏作用。

低氯低氟渗透剂专门用于钛合金及奥氏体钢材料的渗透检测。该类渗透剂不会对钛合金及奥氏体钢材料产生破坏作用。

## 二、渗透剂的组成

大部分渗透剂是溶液,它们由溶质及溶剂组成。也有少数是悬浮液,如过滤型微粒渗透剂。

作为溶液类型的渗透剂,其主要组成部分为染料、溶剂和表面活性剂,以及其他多种用于改善渗透剂性能的附加成分。

1. 染料—溶质

(1) 着色染料

着色渗透剂中所用染料为红色染料,因为红色染料能与显像剂的白色背景形成鲜明的对比,产生较好的反差,已引起人们的注意。

染料有油溶型、醇溶型及油醇混合型三类,常用的红色染料有苏丹红、128 号烛红、荧光桃红、刚果红和丙基红等,其中以苏丹红Ⅳ使用最广,它的化学名称叫偶氨苯。荧光桃红和丙基红为醇溶型染料。

(2) 荧光染料

荧光染料是荧光渗透剂的关键材料之一。荧光染料应具有很强的荧光,由于人们观察不同颜色时对黄绿色光最敏感,所以要求荧光染料发出黄绿色的荧光时,应耐黑光、耐热和对金属无腐蚀等。

荧光染料的荧光强度和波长与所用的溶剂及其浓度有关。

2. 溶剂

溶剂有两个主要作用:一是溶解染料,二是起渗透作用。

渗透剂中所用溶剂应具有渗透能力强,对染料溶解性能好,挥发性小、毒性小、对金属无腐蚀等性能,且经济易得。多数情况下,渗透剂都是将几种溶剂组合使用,使各成分的特性达到平衡。

溶剂大致可以分为基本溶剂和起稀释作用的溶剂两大类。基本溶剂必须具有充分溶解染料,使渗透剂鲜明地发出红色色泽或黄绿色荧光光亮等条件。稀释溶剂除具有适当调节黏度与流动性的作用外,还起降低材料费用的作用。基本溶剂与稀释溶剂能否配合平衡,将直接影响渗透剂特性(黏度、表面张力、润湿性能等),是决定性能好坏的重要因素。

煤油是一种最常用的溶剂。它具有表面张力小,润湿能力强等优点,但它对染料的溶解能力小。

着色渗透剂中也常用二甲苯或苯作溶剂。这些溶剂具有渗透力强,对染料溶解能力大等优点,但它们有一定的毒性,挥发性也较大。

选择合适的溶剂对提高着色强度或荧光强度是至关重要的。因为试验已经证明,例如荧光染料在溶剂中的浓度增加时,荧光强度也随之增加,但是浓度增加到某一极限值时,浓度再增加,荧光强度反而出现减弱的现象。这说明单靠提高浓度来提高荧光强度或着色强度的作用是有限的。

3. 其他附加成分

表面活性剂、互溶剂、稳定剂、增光剂、抑制剂和中和剂等其他附加成分,主要用于改善渗透剂性能。表面活性剂用于降低表面张力、增强润湿作用。一种表面活性剂往往达不到良好的乳化效果,常常需要选择两种以上的表面活性剂组合使用。互溶剂用于促进染料的溶解,渗透力强的溶剂对染料的溶解在其中能力不一定大,或者染料溶解在其中不一定能得到理想的颜色或荧光强度,有时需要采用一种中间溶剂来溶解染料,然后再与渗透性能好的溶剂互溶,得到清澈的混合液。这种中间溶剂称互溶剂。

染料在溶剂中的溶解度与温度有关,为使染料在低温下不从溶剂中分离出来,还需在渗透剂中加进一定量的稳定剂(或称助溶剂、耦合剂)。乙二醇单丁醚、二乙二酸丁醚常作耦合剂。增光剂用于增强渗透剂的光泽,提高对比度。抑制剂用于抑制挥发。中和剂用于中和渗透剂的酸碱性,使pH接近于7。乳化剂常用于水洗型着色渗透剂与水洗型荧光渗透剂中,表面活性剂作为乳化剂加到渗透剂内,使渗透剂容易被水洗。乳化剂应与溶剂互溶,不应影响红色染料的红色色泽,不应影响荧光染料的荧光光亮,也不应腐蚀金属。

对于煤油,加入邻苯二甲酸二丁酯不仅能提高对染料的溶解能力,又可在较低温度下,使染料不致沉淀出来。此外,还可调整渗透剂的黏度和沸点,减少溶剂的挥发,使渗透剂具有优良的综合性能。

## 三、渗透剂的性能

1. 渗透剂的综合性能

(1) 渗透力强,容易渗入工件的表面缺陷。

(2) 荧光渗透剂应具有鲜明的荧光,着色渗透剂应具有鲜艳的色泽。

(3) 清洗性好,容易从工件表面清洗掉。

(4) 润湿显像剂的性能好,容易从缺陷中被显像剂吸附到工件表面,而将缺陷显示出来。无腐蚀,对工件和设备无腐蚀性。

(5) 稳定性好,在日光(或黑光)与热作用下,材料成分和荧光亮度或色泽能维持较长时间。

(6) 毒性小。

此外,检测钛合金与奥氏体钢材料时,要求渗透剂低氯低氟;检测镍合金材料时,要求渗透剂低硫;检测与氧、液氧接触的工件时,要求渗透剂与氧不发生反应,呈现化学惰性。

2. 渗透剂的物理性能

(1) 表面张力与接触角

表面张力用表面张力系数表示。接触角则表征渗透剂对工件表面或缺陷的润湿能力。表面张力与接触角是确定渗透剂是否具有高的渗透能力的两个最主要的参数。渗透剂的渗透能力用渗透剂在毛细管中上升的高度来衡量。渗透剂的渗透能力与表面张力 $\alpha$ 和接触角的余弦 $\cos\theta$ 的乘积成正比。$\alpha\cos\theta$ 表征渗透剂渗入表面开口缺陷的能力,称静态渗透参量(用 SPP 表示)。

静态渗透参量可表征渗透剂渗入缺陷的能力。实验证明,当渗透剂的接触角 $\theta\leqslant 5°$ 时,渗透性能较好,使用此类渗透剂进行渗透检测,可得到较满意的检测结果。因为当 $\theta\leqslant 5°$ 时,$\cos\theta\approx 1$,$SPP\approx\alpha$,所以,可以近似地说,静态渗透参量就是当接触角 $\theta\leqslant 5°$ 时的渗透剂的表面张力。

静态渗透参量的单位同表面张力,即同表面张力系数的单位,通常以毫牛顿/米(mN/m)或牛顿/米(N/m)为单位,其换算关系如下:

$$1\ \text{mN/m}=10^{-3}\ \text{N/m}$$

(2) 黏度

渗透剂的黏度与液体的流动性有关。它是流体的一种液体特性,是流体分子间存在摩擦力而互相牵制的表现。渗透剂性能用运动黏度来表示,运动黏度的法定计量单位名称是二次方米每秒,符号是 $m^2/s$。各种渗透剂的运动黏度一般在 $(4\sim10)\times10^{-6}\ m^2/s$(38 ℃)时较为适宜。

当液体具有良好渗透性能时,其黏度并不影响静态渗透参量,即不影响液体渗入缺陷的能力。例如,水的黏度较低,20 ℃ 时为 $1.004\times10^{-6}\ m^2/s$,但不是一种好的渗透剂。煤油的黏度较高,20 ℃时为 $1.65\times10^{-6}\ m^2/s$,却是一种很好的渗透剂。

渗透剂的渗透速率常用动态渗透参量(KPP)来表征。它反映的是要求受检工件浸入渗透剂的时间(即停留时间)的长短。

黏度高的渗透剂由于渗进表面开口缺陷所需时间较长,从被检表面上滴落时间也较长,故被拖带走的渗透剂损耗较大。后乳化型渗透剂由于拖带多而严重污染乳化剂,使乳化剂使用寿命缩短。低黏度的渗透剂则完全相反。特别要指出的是,去除受检表面多余的低黏度渗透剂时,浅而宽的缺陷中的渗透剂容易被清洗掉,而直接降低灵敏度。因此,渗透剂黏度太高或太低都不好,渗透剂的黏度一般控制在 $(4\sim10)\times10^{-6}\ m^2/s$(38 ℃)较为适宜。

(3) 密度

液体的密度越小,上升高度值越大,渗透能力越强。渗透剂中主要液体是煤油和其他有机溶剂,因为渗透剂的密度一般小于 $1\ t/m^3$。密度小于 $1\ t/m^3$ 的后乳化型渗透剂使用时,水进入渗透剂中能沉于槽底,不会对渗透剂产生污染;水洗时,也可漂在水面上,容易溢流掉。

液体的密度一般与温度成反比,温度越高密度值越小,渗透能力也随之增强。

水洗型渗透剂被水污染后,由于乳化剂的作用,使水分散在渗透剂中,使渗透剂的密度值增大，渗透能力下降。

(4) 挥发性

挥发性可用液体的沸点或液体的蒸气压来表征。易挥发的渗透剂在滴落过程中易干在工件表面上，给水洗带来困难；易干在缺陷中，不能回渗至工件表面而难以形成缺陷显示。易挥发的渗透剂，着火的危险性大，毒性材料还存在安全问题。综上所述，渗透剂不易挥发较好。

但是，渗透剂必须有一定的挥发性。一般，在不易挥发的渗透剂中加进一定量的挥发性液体。这样，渗透剂在工件表面滴落时，挥发成分挥发掉，染料浓度得以提高，有利于缺陷检出，提高了检测灵敏度。

(5) 闪点和燃点

可燃性液体在温度上升过程中，液面上方挥发出大量可燃性蒸气。这些可燃性蒸气和空气混合，接触火焰时，会出现爆炸闪光现象。刚刚出现闪光现象时，液体的最低温度称为闪点。燃点是指液体加热到能被接触的火焰点燃并能继续燃烧时的液体的最低温度。对同一液体而言，燃点高于闪点。闪点低，燃点也低，着火危险性也大。液体的可燃性，一般资料指的就是该液体的闪点。

闪点有开口与闭口两种测量方法。对于渗透剂来说，闭口更为合适，因为闭口的重复性较好，而且测出的数值偏低，不会超出使用安全值。

水洗型渗透剂，闭口闪点应大于 50 ℃。后乳化型渗透剂，闭口闪点应为 60～70 ℃。

开口闪点是用开杯法测出的闪点，它是将可燃性液体试样盛在开口油杯中试验。闭口闪点是用闭杯法测出的闪点，它是将可燃性液体试样盛在带盖的油杯中试验，盖上有个一可开可闭的窗孔，加热过程中窗孔关闭，测量闪点时，窗孔打开。正因为如此，用此法测出的闪点数值偏低。

(6) 导电性

手工静电喷涂渗透剂时，喷枪提供负电荷给渗透剂，试验件保持零电位，故要求渗透剂具有高电阻，避免产生逆弧传给操作者。

3. 渗透剂的化学性能

(1) 化学惰性

渗透剂对被检材料和盛装容器应尽可能是惰性的或无腐蚀性的。油基渗透剂在大部分情况下是符合这一要求的。水洗型渗透剂中乳化剂可能是微碱性的，渗透剂被水污染后，水与乳化剂结合而形成微碱性溶液并保留在渗透剂中。这时，渗透剂将腐蚀铝或镁合金的工件，还可能与盛装容器上的涂料或其他保护层起反应。

渗透剂中硫、钠等元素的存在，在高温下会对镍基合金的工件产生热腐蚀（也叫热脆）。渗透剂中的卤族元素如氟、氯等很容易与钛合金及奥氏体钢材料作用，在应力存在情况下，产生应力腐蚀裂纹。在氧气管道及氧气罐、液体燃料火箭或其他盛液氧装置的应用场合，渗透剂与氧及液氧应不起反应，油基的或类似的渗透剂不能满足这一要求，需要使用与液氧相容的渗透剂。用来检测橡胶塑料等工件的渗透剂，也应不与其起反应。

(2) 清洗性

渗透剂的清洗性是十分重要的，如果清洗困难，工件上则会造成不良背景，影响检测效果。水洗型渗透剂(自乳化)与后乳化型渗透剂应在规定的水洗温度、压力、时间等条件下,直接用粗水柱冲洗干净,达到不残留明显的荧光背景或着色底色。溶剂去除型渗透剂须采用有机溶剂去除工件表面多余的渗透剂,要求渗透剂能被去除用溶剂溶解。

(3) 含水量和容水量

渗透剂中的水含量与渗透剂总量之比的百分数称含水量。渗透剂中含水量超过某一极限时,渗透剂出现分离、混浊、凝胶或灵敏度下降等现象,这一极限值称为渗透剂的容水量。

渗透剂含水量越小越好。渗透剂容水量指标越高,抗水污染性能越好。

(4) 毒性

渗透剂应是无毒的,与其接触,不得引起皮肤炎症;渗透剂挥发出来的气体,其气味不得引起操作者恶心。任何有毒的材料及有异臭的材料都不得用来配制渗透剂。即使这些要求都能达到,还需要通过实际观察来对渗透剂的毒性进行评定。为保证无毒,制造厂不仅应对配制渗透剂的各种材料进行毒性试验,还应对配制的渗透剂进行毒性试验。当然,操作中应避免与渗透剂接触时间过长,避免吸入渗透剂挥发出的气体。

(5) 溶解性

渗透剂是将染料溶解到溶剂中配制成的,溶剂对染料的溶解能力高,就可得到染料浓度高的渗透剂,可提高渗透剂的发光强度,提高检测灵敏度。

渗透剂中的各种溶剂都应该是染料的良好溶剂,在高温或低温条件下,它们应能使染料都溶解在其中并保持在渗透剂中,在贮存或运输中不发生分离。因为一旦发生分离,要使其重新结合是相当困难的。

(6) 腐蚀性能

应当注意,水的污染,不仅可能使渗透剂产生凝胶、分离、云状物或凝聚等现象,并且可与水洗型渗透剂中乳化剂结合而形成微碱性溶液。这种微碱性渗透剂对铝、镁合金工件会产生腐蚀。

前已叙述,渗透剂中硫、钠等元素的存在,高温下会使镍基合金产生热腐蚀,渗透剂中氟、氯等的存在,会使钛合金及奥氏体钢材料产生应力腐蚀裂纹。因此,含有硫、钠或卤化物的渗透剂分别被禁止在奥氏体钢、钛合金和镍合金上使用,或者将氟、氯含量限制在 1%,将硫含量限制在 1%。

4. 渗透剂的特殊性能—稳定性

渗透剂的稳定性是指渗透剂对光和温度的耐受能力。

荧光剂对黑光的稳定性是很重要的。稳定性可用照射前的荧光亮度值与照射后的荧光亮度值的百分比表示。荧光渗透剂在 1 000 $\mu W/cm^2$ 的黑光下照射 1 h,稳定性应在 85%以上。着色渗透剂在强白光照射下应不褪色。

对温度的稳定性包括冷、热稳定性,即在高温和低温下,渗透剂都应保持良好的溶解度,不发生变质、分解、混浊和沉淀等现象。

## 四、着色渗透剂

着色渗透剂中含着色染料。着色渗透剂一般分三种:水洗型、后乳化型和溶剂去除型。

1. 水洗型着色剂

水洗型着色渗透剂有两种,一种是水基的,一种是油基(自乳化型)的。

水基着色渗透剂以水作溶剂,在水内溶解红色染料。作为溶剂的水无色无臭,无味无毒和不可燃,且来源方便,具有使用安全,不污染环境,价格低廉等优点。有些同油类接触容易引起爆炸的部件,例如盛放液态氧的容器,进行着色检测时应采用水基着色渗透剂。目前,这着色渗透剂的灵敏度还不能令人满意,所以,应用还有很大的局限性。

油基自乳化型着色渗透剂的基本成分是在高渗透性油基溶剂中溶解有油溶性的红色染料,同时在着色渗透剂中加有乳化剂。由于着色渗透剂中加入了乳化剂,故渗透性能受影响,检测灵敏度也有所降低。着色渗透剂有一定的亲水性,容易吸收水分(包括空气中的水分)。当吸收的水分达到一定数量时,着色渗透剂就会产生混浊、沉淀等被水污染的现象。为提高油基自乳化型着色渗透剂的抗水污染能力,可适当增加亲油性乳化剂含量,降低着色渗透剂的亲水性。这类着色渗透剂使用中,应避免水分侵入油基自乳化型着色渗透剂中,以免因黏度增大,渗透性能降低而使检测灵敏度下降。

2. 后乳化型着色渗透剂

后乳化型着色渗透剂的基本成分是在高渗透性油基溶剂内溶解油溶性红色颜料,添加润湿剂、互溶剂等附加成分,但不含乳化剂。该类着色渗透剂的特点是渗透力强,检测灵敏度高,因而在实际检测中应用较广,特别适用于检测浅而宽的表现缺陷,但不适于检查表面粗糙或有盲孔和螺纹的工件。

3. 溶剂去除型着色渗透剂

溶剂去除型着色渗透剂的基本成分与后乳化型着色渗透剂相类似,故后乳化型着色渗透剂常常可以直接作为溶剂去除型渗透剂使用。用丙酮等有机溶剂直接擦洗去除,检测时常与溶剂悬浮式显像剂配合使用,可得到与荧光法相似的灵敏度。该类着色渗透剂多装在压力喷罐中使用,故闪点和挥发性的要求不像在开口槽中使用的渗透剂那样严格。

着色渗透剂灵敏度较低,不能用于检测临界疲劳裂纹、应力腐蚀裂纹或晶间腐蚀裂纹。试验表明,着色渗透剂能渗透到细微裂纹中去,但是要形成用荧光渗透剂能得到的显示,就需要体积比之大得多的着色渗透剂才行。

## 五、荧光渗透剂

荧光渗透剂中溶有荧光染料,检测时在黑光灯下观察。常用荧光渗透剂有三种:水洗型、后乳化型和溶剂去除型。

1. 水洗型荧光渗透剂

水洗型荧光渗透剂由油基渗透溶剂、互溶剂、荧光染料、乳化剂等组成。由于荧光渗透剂中含有乳化剂,故又称“预乳化型”或“自乳化型”荧光渗透剂。

荧光渗透剂中乳化剂含量越高,越容易清洗,但检测灵敏度越低。渗透剂中荧光染料浓度越高,荧光强度越高,但渗透剂价格也提高,低温下染料析出的可能性增大,去除也困难。

水洗型荧光渗透剂中的乳化剂,可使荧光渗透剂便于去除,尚可促使染料溶解,起增溶作用。

按检测灵敏度和多余渗透剂从工件表面去除难易程度分,水洗型荧光渗透剂有如下五个类别。

(1) 低灵敏度水洗型荧光渗透剂:该类荧光渗透剂易于从粗糙表面上去除,主要用于轻合金铸件的检测。

(2) 中等灵敏度水洗型荧光渗透剂:该类荧光渗透剂较难从粗糙表面上去除。主要用于精密铸钢件、精密铸铝件、焊接件、轻合金铸件及机加工表面的检测。

(3) 高灵敏度水洗型荧光渗透剂:应用于检测灵敏度要求较高的变形材料机加工工件。该类荧光渗透剂难以从粗糙的表面上去除掉,故要求有良好的机加工表面。主要用于精密铸造涡轮叶片之类的关键工件的检测。

(4) 水洗型荧光渗透剂还有很低灵敏度及超高灵敏度两种灵敏度等级。

2. 后乳化型荧光渗透剂

后乳化型荧光渗透剂由油基渗透溶剂、互溶剂、荧光染料、润滑剂组成。互溶剂的比例比水洗型荧光渗透剂高,目的在于溶解更多的染料。润湿剂能增大突光渗透剂与固体表面的润湿作用,不起乳化作用。这种渗透剂本身不含乳化剂,需经乳化工序后才能用水冲洗,缺陷中的荧光渗透剂,不易被去除。其密度比水小,水进入突光渗透剂槽中能沉到底部,故抗水污染能力强,也不易受酸或铬酸的影响。

后乳化型荧光渗透剂分为亲水和亲油两大类。按灵敏度分,每大类有低灵敏度、标准(中)灵敏度、高灵敏度和超高灵敏度四个类别。

(1) 亲水性后乳化型荧光渗透剂

标准灵敏度后乳化型荧光渗透剂,应用于各种变形材料的机加工工件。

高灵敏度后乳化型荧光渗透剂,应用于检测灵敏度要求较高的变形材料机加工工件。

超高灵敏度后乳化型荧光渗透剂,仅在特殊情况下使用,如航空发动机上的涡轮盘、轴等关键工件成品的检测。

(2) 亲油性后乳化型荧光渗透剂

亲油型后乳化荧光渗透剂与亲水型后乳化突光渗透剂可以通用,仅仅是所用乳化剂不同而已;前者使用亲油型乳化剂,后者使用亲水型乳化剂。

3. 溶剂去除型荧光渗透剂

溶剂去除型荧光渗透剂与后乳化型荧光渗透剂的基本成分相类似,按检测灵敏度分,溶剂去除型荧光渗透剂有低、中、高和超高四个类别。所有同级灵敏度的水洗型荧光渗透剂及后乳化型荧光渗透剂(亲水及亲油)均可作为同级灵敏度的溶剂去除型荧光渗透剂使用。不同之处只是在去除工件表面多余渗透剂时,需使用溶剂去除。

## 六、特殊类型的渗透剂

1. 着色荧光渗透剂

该类渗透剂中的染料不仅能在白光下呈鲜艳的暗红色,而且也能在紫外线下发出明亮的荧光。该类渗透剂在白光下检测具有着色检测的灵敏度,在紫外线下检测具有荧光检测的高灵敏度,故又称双重灵敏度渗透剂。

2. 过滤性微粒渗透剂

这是一种比较适于检测粉末冶金工件、碳石墨制品及陶土制品等工件材料的渗透剂。

这种渗透剂，发光染料是比要检测的裂纹的宽度还要大一点的微粒，微粒悬浮于渗透剂中。当这种渗透剂流进裂纹时，微粒就聚积在开口裂纹中，这些留在裂纹表面的微粒沉积，即可提供裂纹显示。根据实际需要，这些微粒可以是着色染料，也可以是荧光染料。

3. 化学反应型着色渗透剂

该类着色渗透剂是将无色的染料溶解在无色的溶剂中制成的一种无色或淡黄色的着色渗透剂。这种着色渗透剂与显像剂接触时发生化学反应，产生鲜艳的颜色，从而产生清晰的缺陷显示。显像剂不是普通的显像剂，显像剂粉末呈酸性，当它与渗透剂接触时发生反应产生颜色。这种显示还可在黑光灯下发荧光，因此也称双重灵敏度的渗透剂。

4. 高温下使用的渗透剂

对高温工件进行渗透检测时，施涂在工件上的渗透剂，其中的染料很容易受到破坏，色泽甚至消失或荧光猝灭。因此，通常的渗透剂不能用于高温工件的渗透检测。高温下使用的渗透剂，能短时间地与高温工件接触而不被破坏。用这种渗透剂渗透检测时，检测速度要尽量快，要趁染料未完全破坏前，完成对工件的检测。

## 第二节 去除剂

渗透检测中用来去除工件表面多余的溶剂叫去除剂。

水洗型渗透剂直接用水去除，水就是一种去除剂。

溶剂去除型渗透剂采用有机溶剂去除，这些有机溶剂就是去除剂，它们应对渗透剂中的染料（红色染料、荧光染料）有较大的溶解度，对渗透剂中溶解染料的溶剂有良好的互溶性，并有一定的挥发性，应不与荧光渗透剂起化学反应，应不猝灭荧光。通常采用的有煤油、乙醇、丙酮、三氯乙烯等。

后乳化型渗透剂是在乳化后再用水去除，它的去除剂就是乳化剂和水。

### 一、乳化剂

乳化剂用于乳化不溶于水的后乳化型渗透剂，使其便于用水清洗。

1. 乳化剂的分类和组成

渗透检测中所用的乳化剂由具有乳化作用的表面活性剂和添加溶剂组成。以表面活性剂为主体。添加溶剂的作用是调节黏度，调整与渗透剂的配比，降低材料费用等。

乳化剂分为亲水性及亲油性两大类。H.L.B值在8～18的乳化剂称为亲水性乳化剂，乳化型式是水包油型，它能将油分散在水中；H.L.B 值在 3.5～6 的乳化剂称为亲油性乳化剂，乳化型式是油包水型，它能将水分散在油中。

选择乳化剂时，除应考虑 H.L.B 值外，还应考虑后乳化型渗透剂的具体情况。后乳化型渗透剂与乳化剂的亲油基化学结构相似时，乳化效果好。同时，由于乳化的目的是要将渗透剂去除掉，故乳化剂还应具备良好的洗涤作用。H.L.B 值在 11～15 范围内的乳化剂，既有乳化作用又有洗涤作用，是比较理想的去除剂。

(1) 亲水性乳化剂

亲水性乳化剂的黏度一般比较高，通常是用水稀释后再使用的。稀释后的乳化剂，若浓度越高，乳化能力就越强，乳化速度较快，因而乳化时间较难控制，而且乳化剂拖带损耗大。稀释后的乳化剂，若浓度太低，则乳化能力太弱，乳化速度慢，从而需要较长乳化时间，使得乳化剂有足够时间渗入表面开口缺陷中去，缺陷中的渗透剂也容易用水洗掉，最终达不到后乳化渗透检测应有的高灵敏度。因此，应根据被检工件的大小、数量、表面粗糙度等情况，通过试验来选择最佳浓度，或按乳化剂制造厂推荐的浓度使用。通常乳化剂制造厂推荐用浓度为 5%～20%。

亲水性乳化剂作用过程见图 5-1 所示。

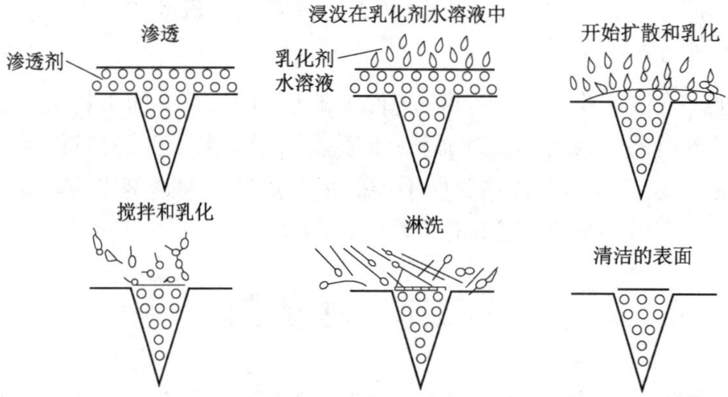


图 5-1 亲水性乳化剂作用过程(从左上至右下)示意图

(2) 亲油性乳化剂

亲油性乳化剂不加水使用，若乳化剂黏度大，扩散到渗透剂中的速度就慢，容易控制乳化，但乳化剂拖带损耗大。黏度低的乳化剂扩散到渗透剂中去的速度快，乳化速度快，需注意控制乳化时间。

亲油性乳化剂应能与后乳化型渗透剂产生足够的相互作用，而起一种溶剂的作用，使工件表面多余的渗透剂能被去除。

亲油性乳化剂对水及对渗透剂的容许量也是乳化剂的基本要求。亲油性乳化剂应允许添加 5%的水，应允许混入 20%的渗透剂，而仍然像新的乳化剂一样，能够有效地被水清洗掉，达到所要求的渗透检测灵敏度。

亲油性乳化剂作用过程见图 5-2 所示。

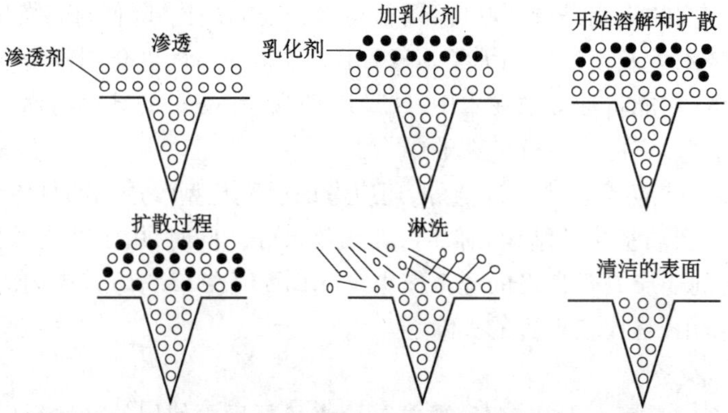


图 5-2 亲油性乳化剂作用过程(从左上至右下)示意图

2. 乳化剂的性能

(1) 乳化剂的综合性能

对乳化剂的基本要求是能够很容易地乳化并去除表面多余的后乳化型渗透剂。因此,要求乳化剂:

1) 外观(色泽、荧光颜色)上能与渗透剂明显地区别开。

2) 受少量水或渗透剂的污染时,不降低乳化去除性能。

3) 表面活性与黏度或浓度适中,使乳化时间合理,乳化操作不困难。

4) 贮存保管中,温度稳定性好,性能不变。

5) 对金属及盛装容器不腐蚀变色。

6) 对操作者的健康无害,无毒及无不良气味。

7) 闪点高,挥发性低,废液及去除污水的处理简便等。

(2) 乳化剂的物理性能

1) 黏度

乳化剂的黏度对渗透剂的乳化时间有直接影响。高黏度的乳化剂在渗透剂中扩散较慢,这样可以更精确地控制乳化的程度。黏度较低的乳化剂扩散到渗透剂中比较快,控制就困难些。黏度也是一个值得从经济上给予考虑的问题。在可控性和经济性之间,可取的折衷办法是将乳化剂的最短乳化时间控制在 30 s 内。黏度值是由制造厂来加以控制的,但误差变化应保持在±10%的范围内。

2) 闪点

从安全观点出发,必须考虑乳化剂的闪点。所有乳化剂的材料,其闪点都应不低于50 ℃。

3) 挥发性

对于乳化剂的挥发性,主要考虑问题是使用中的经济性。在敞开槽中使用时,乳化剂的挥发性应当低,以免由于挥发引起过大的损失,并在乳化槽附近产生过量的挥发性气体污染。

(3) 乳化剂的化学性能

1) 毒性

乳化剂中所用材料必须是无毒的,不能对人体产生诸如恶心或引起皮肤炎症等不良副作用。

2) 容水性

乳化剂会受水的污染,特别在敞开槽中使用时更是如此。按体积计算,乳化剂应能容许混入 5%的水,而无凝胶、分离、凝聚或水浮在表面上等现象产生,且须满足同族组渗透检测剂灵敏度的要求。

3) 与渗透剂的相容性

某些渗透剂会不可避免地混入到乳化剂中。受渗透剂的过分污染后,乳化剂会减弱其对渗透剂的乳化能力。按体积计,乳化剂应能容许混入 20%的渗透剂而不变质。

减少乳化剂受渗透剂污染的方法是:增加渗透剂的滴落时间;加强滴落后乳化前的预水洗,减少进入乳化剂的渗透剂。

(4) 乳化剂的特殊性能

乳化剂除以上性能外,根据选用的渗透剂性能不同,还应有水洗性、荧光性、温度稳定性、停留时间等的性能要求。

## 二、溶剂去除剂

1. 溶剂去除剂的分类

按照溶剂去除剂与受检材料的相容性,可将其分为卤化型溶剂去除剂、非卤化型溶剂去除剂及特殊用途溶剂去除剂。非卤化型溶剂去除剂中,卤族元素例如氯、氟元素含量受到严格控制(<1%),主要用于奥氏体钢及钛合金材料的检测。

2. 溶剂去除剂的性能

溶剂去除剂与溶剂去除型着色或荧光渗透剂配合使用。性能要求是:溶解渗透剂适度;去除时挥发适度;贮存保管中稳定;不使金属腐蚀与变色;无不良气味;毒性小等。一般多使用丙酮、乙醇、汽油或三氯乙烯等多组分有机溶剂。

# 第三节 显像剂

## 一、显像剂的作用

显像剂是渗透检测中的另一关键材料,它在渗透检测中的作用主要有下述三点:

(1) 通过毛细作用将缺陷中的渗透液吸附到工件表面上,形成缺陷显示。

(2) 将形成的缺陷显示在被检件表面上横向扩展,放大至足以用肉眼观察到。资料指出:通过显像剂的放大作用,裂纹的显示尺寸可高达该裂纹宽度的许多倍,有的甚至高达250倍左右。

(3) 提供与缺陷显示有较大反差的背景,从而达到提高检测灵敏度的目的。

## 二、显像剂的分类及组成

显像剂分为干式显像剂与湿式显像剂两大类。自显像是不使用显像剂的。干式显像剂实际就是微细白色粉末,又称干粉显像剂。湿式显像剂有水悬浮显像剂(白色显像剂粉末悬浮于水中)、水溶解显像剂(白色显像剂粉末溶解于水中)、溶剂悬浮显像剂(白色显像剂粉末悬浮于有机溶机中)及塑料薄膜显像剂(白色显像剂粉末悬浮于树脂清漆中)等几类。也有将塑料薄膜显像剂单独列为一类的。

1. 干式显像剂

(1) 干式显像剂的组成及应用

干式显像剂是指干粉显像剂,实际上就是一种白色的显像粉末,如氧化镁、碳酸镁、氧化锌、氧化钛等。有时在白色粉末中加进少量的有机颜料或有机纤维素,以减少白色背景对黑光的反射,提高显示对比度和清晰度。

干粉显像剂一般与荧光渗透液配合使用,分辨力较高,是最常用的显像剂。适用于螺纹及粗糙表面工件的荧光检测。

(2) 干粉显像剂的要求

干粉显像粉末应是轻质的、松散的、干燥的。粉末颗粒应细微,其大小以不超过 3 μm 为宜。

干粉显像剂应具有较好的吸水、吸油性能,容易被缺陷处微量的渗透液所润湿,使渗透液能容易的渗出。

干粉显像剂应容易地吸附在干燥工件表面上,并形成一层显像粉薄膜。

显像剂粉末在黑光照射下不应发荧光,对被检工件和存放容器不应腐蚀,对人体无害。

(3) 干粉显像剂的优缺点

干粉显像剂不附着在缺陷以外的部位,因此,显像后经过长时间后仍能保持鲜明的缺陷迹痕轮廓图形,容易识别缺陷等。

干粉显像剂施加容易,操作简便,对被检工件无腐蚀,不挥发有害气体,不留下妨碍后续处理的膜层。

干粉显像剂的一个明显缺点是有严重的粉尘,故需要有净化空气的设备或装置。

2. 湿式显像剂

(1) 水悬浮性湿显像剂

1) 水悬浮性湿显像剂的组成

水悬浮性湿显像剂是将干粉显像剂按一定的比例加入水中配制而成的。为改善水悬浮性湿显像剂的性能,一般还应加添下列试剂。

分散剂:它的作用是防止沉淀和结块,使显像剂具有良好的悬浮性能。

润湿剂:改善显像剂与工件表面的润湿能力,保证在工件表面形成均匀的薄膜。

限制剂:防止缺陷迹痕显示无限制地扩散,保证显示的分辨率和显示轮廓清晰。

防锈剂:它的作用是降低显像剂对工件表面的锈蚀。通常要求显像剂的 pH 是弱碱性的,一般不会对工件产生腐蚀,但如长时间残留在铝、镁合金上,会引起腐蚀麻点。

2) 使用时注意事项

由于这类显像剂是悬浮液,故在使用之前,必须充分搅拌均匀,以便得到薄而均匀的显像剂膜层。

显像剂粉末的含量不宜太多,否则会造成显像剂膜层太厚,尤其容易沉积于工件底部边缘,如螺纹根部,从而掩盖缺陷显示;厚的显像剂膜层在检测后的去除也较困难。但若显像剂中粉末含量太小,将不能形成均匀的薄膜。

为此,显像剂中粉末要控制在最佳的比例上。通常以每 1 000 ml 水中加进 30~100 g 的显像粉末为宜。

该类显像剂不适于与水洗型渗透体系相配合使用,要求工件表面较为光洁,表面粗糙度小。

该类显像剂还具有无毒、无气味、对人体健康无害、价格便宜等优点,但其检测灵敏度较低。

(2) 水溶性湿显像剂

该类显像剂是将显像材料溶解于水中而制成的。当溶解在水中的显像材料在显像剂中的水分蒸发后,能在工件表面形成一层与工件表面紧密贴合的薄膜,有利于缺陷的显示。

为改善显像剂的性能，这类显像剂还添加润湿剂、助溶剂、防锈剂和限制剂等。

由于这种显像剂是溶液，它克服了水悬浮显像剂容易沉淀，不均匀、可能结块的缺点。同时，它还具有清洗方便、无毒、不腐蚀工件、不可燃、使用安全等优点。

但由于显像材料多为结晶粉末的无机盐类，所以，白色背景不如悬浮型湿式显像剂。显像灵敏度不太高。另外，该类显像剂也不适于与水洗型渗透液体系相配使用，要求工件表面较为光洁。

(3) 溶剂悬浮湿显像剂

1) 非水(溶剂悬浮)湿显像剂的组成

非水(溶剂悬浮)湿显像剂是将显像粉末加在具有挥发性的有机溶剂中配制而成的。由于有机溶剂挥发快，故又称速干型显像剂。

常用的有机溶剂有丙酮、乙醇、苯、二甲苯等。为改善显像剂的性能，该类显像剂还添加限制剂，常用的限制剂有火棉胶、醋酸纤维素、过氯乙烯树脂等。为调整显像剂的黏度，增加限制剂的溶解度，还必须添加稀释剂，但稀释剂的添加量必须适当，如加入量过大，会引起显像膜自动剥落。

2) 非水(溶剂悬浮)湿显像剂的特点

这类显像剂通常装在喷罐中使用，市场上常与着色渗透液、清洗/去除剂配套出售，由于这类显像剂是悬浮液，故使用前必需充分摇动喷罐，使其搅拌均匀，以便得到薄而均匀的显像剂膜层。

非水(溶剂悬浮)湿显像剂的溶剂具有很好的渗透能力，能渗入缺陷中，在挥发的过程中把缺陷中的渗透液带回工件表面，显像灵敏度高。就显像而言，它是显像灵敏度较高的显像剂。

显像剂中的有机溶剂挥发快，因而形成的缺陷显示扩散小，显示轮廓清晰，分辨力高。由于这类显像剂含有有机溶剂，故有毒或易燃，使用中必须注意避免过多吸入或意外引爆，必需将其贮存于密闭的容器中。

(4) 溶液型湿显像剂

该显像剂是将显像材料溶解在有机溶剂中而制成的。它是一种无色透明的溶液，这种显像剂克服了溶剂悬浮型湿显像剂容易沉淀之类的缺点，但这种显像剂目前尚未应用于生产检测中。

3. 其他类型显像剂

(1) 塑料薄膜显像剂

这种显像剂主要是由显像粉末和透明清漆(或者胶状树脂分散体)所组成的悬浮液。

通常采用喷涂的方式将显像剂施加于被检工件的表面上，显像剂把缺陷中的渗透液吸附出来使之进入不定形的塑料薄膜中；由于透明清漆是高挥发性物质，在较短时间内就会干燥而形成一层薄膜；缺陷的显示就被凝固在膜层中，故可将膜层剥下来作永久的记录。

这种显像剂的优点是它所形成的缺陷显示扩散小，因而可得到一个具有高清晰度的缺陷显示。

这种显像剂的有效性取决于所使用的施加技术和所施加的显像剂量。首先施加一层极薄的白色胶层；然后用极细喷孔的喷枪，小心地喷涂薄薄的一层塑料薄膜显像剂层；再次喷涂之前应让原来的膜层干燥。显像剂薄膜可由 6～7 次喷涂积聚而成，厚度应薄而均匀。如果膜层太厚，会使缺陷显示的清晰度下降或掩盖小缺陷显示。多次喷涂比单次喷涂好，因为在多次喷涂中，操作者能观察显示的特性。

（2）化学反应型显像剂

化学反应型显像剂是一种无色显像液，呈酸性。

当化学反应型显像剂与化学反应型渗透液接触时，发生化学反应；在白光下呈红色，在紫外灯下发出荧光。该渗透检测材料组成的系统也具有双重灵敏度性质。

例如“拓色涂”显像剂就是化学反应型显像剂。这类显像剂必须与配套的渗透液配合使用。

## 三、显像剂的性能

1. 显像剂的综合性能

显像过程原理与渗透液渗入缺陷原理是一样的，都属于毛细现象。

由于显像剂中的显像粉末非常细微，其颗粒度为微米级。当这些微粒覆盖在工件表面时，微粒之间的间隙类似于毛细管，因此缺陷中的渗透液很容易沿着上述这些间隙上升，并回渗到工件表面，形成显示。

由于显像的原理及具体应用的状况，显像剂应具备下列的性能。

（1）显像剂粉末颗粒细微均匀，在工件表面形成的显像剂覆盖层中，能形成不规则毛细管，缺陷中的渗透液可在其中上升并且扩展，形成缺陷迹痕显示。

（2）对工件表面有较强的吸附力；能均匀地附着于工件表面形成较薄的覆盖层，有效地盖住金属本色；同时，还能将缺陷处微量的渗透液吸附到表面。

（3）用于荧光渗透检测的显像剂应不发荧光，也不应含有任何减弱荧光亮度的成分。

（4）用于着色渗透检测的显像剂应对光有较大的折射率，能与缺陷迹痕显示形成较大的色差，以保证最佳的对比度；且对着色染料无消色的作用。

（5）吸湿能力强，吸湿速度快，能容易被缺陷处的渗透液所润湿。

（6）具有较好的化学惰性，对盛放的容器和被检工件不产生腐蚀。

（7）无毒、无异味，对人体无害。

（8）使用方便、价格便宜。

（9）检测完毕后，易于从被检工件表面上清除。

2. 显像剂的物理性能

（1）显像剂的粒度

要求显像剂的粒度细而均匀，如显像剂的粒度过大，则微小的缺陷就很难显示出来，这是由于渗透液只能润湿粒度较细的球状颗粒所致。显像剂的粒度不应大于 3 μm。

（2）显像剂的密度

松散状态的干粉显像剂的密度应小于 0.075 $g/cm^3$，包装状态下的密度应不大于 0.13 $g/cm^3$。

（3）悬浮（或溶剂悬浮）显像剂的沉降率

像剂中的粉末在水中的沉降速率称为沉降率。细小的显像剂粉末悬浮后，沉淀速度慢，粗的显像粉末不易悬浮,悬浮后沉淀速度快,粗细不均匀的显像粉末沉降速率不均匀,为确保显像剂有较好的悬浮性能,必须选用细微且均匀的显像粉。

3. 显像剂的化学性能

(1) 毒性

显像剂应是无毒的。有毒、异臭的材料不能用来配制显像剂。应避免使用二氧化硅干粉显像剂,因为长期吸入这类显像剂会对人的肺部产生有害的影响,因此,干粉显像时,一定要在通风条件好的地方进行。

(2) 腐蚀性

显像剂应不腐蚀盛装的容器,也不应使被检工件在渗透检测及以后的使用期间产生腐蚀,应控制显像剂中的硫、钠等元素的含量,因为上述元素会使镍基合金产生热腐蚀,而显像剂中的氟、氯等卤族元素会与不锈钢、钛合金起反应而产生应力腐蚀裂纹,因此,原子能工业和航空航天等工业上用的显像剂,必须严格控制其含量。

(3) 温度稳定性

现场使用的水悬浮显像剂或水溶性显像剂,不应在冰冻情况下使用。为此,显像前,应对受检工件加热,或对显像剂加热,防止显像剂在使用中产生冻结。另外,高温或相对湿度特别低的环境会使显像剂液体成分过分蒸发。所以,在上述环境下使用显像剂,应经常检查显像剂槽液的浓度。

(4) 污染

渗透剂的污染将引起虚假显示。油及水的污染,将使工件表面粘上过多显像剂,遮盖显示。

4. 显像剂的特殊性能

(1) 分散性

分散性是指当显像粉末沉淀后,经再次搅拌,显像剂粉末重新分散到溶剂中去的能力。分散性好的显像剂,经搅拌后能全部重新分散到溶剂中去,而不残留任何结块。

(2) 显像剂的润湿能力

显像剂的润湿能力包括两个方面:其一是显像剂的颗粒被渗透液润湿的能力,如果显像剂的颗粒不能被渗透液所润湿,就不可能形成缺陷显示;其二是湿式显像剂润湿工件表面的能力,如果润湿能力差,则在显像剂溶剂挥发以后,会出现显像剂流痕或卷曲、剥落等现象。

# 第四节 渗透检测剂系统

## 一、渗透检测材料系统

渗透检测剂系统指由渗透剂、去除剂和显像剂所构成的特定组合系统。系统中每种材料不仅需要满足各自特定的要求,而且作为一个整体,还需要做到系统内部相互兼容,最终要满足达到整个系统的目标——检测表面开口缺陷。

所谓“同族组”是指完成一个特定渗透检测过程所必需的完整的一系列材料,包含渗透液、乳化剂、清洗/去除剂及显像剂等。

渗透检测材料作为一个整体,它们必须相互兼容,才能满足检测的要求;否则,可能出现渗透液、乳化剂、清洗/去除剂及显像剂等材料各自都符合规定要求,但是它们之间不能相互兼容,最终使渗透检测失效,无法达到渗透检测灵敏度、可靠性要求。

由渗透剂、去除剂和显像剂所构成的渗透检测剂系统,原则上必须采用同一厂家提供的、同族组的产品,不同族组的产品不能混用。否则,可能出现渗透剂、去除剂和显像剂等材料各自都符合规定要求,但它们之间不兼容,最终使渗透检测无法进行。如确需混用,则必须通过验证,确保它们能相互兼容且有所要求的检测灵敏度。

### 二、渗透检测工作质量及体系

渗透检测的工作质量直接关系到受检件在使用过程中的安全,而渗透检测的工作质量又取决于渗透检测体系的灵敏度、分辨力及可靠性。渗透检测体系包括渗透检测所使用的设备仪器(渗透装置、乳化装置、显像装置、黑光灯)、渗透检测剂(渗透剂、乳化剂、显像剂、去除剂)、工艺方法(渗透、去除、显像与水洗法、后乳化法、溶剂去除法)、环境条件(水源、电源、气源、暗室、光源)及渗透检测操作人员的技术资格水平等。

渗透检测体系的灵敏度:指渗透检测体系发现缺陷大小的能力。渗透检测时,缺陷可供测量的尺寸是缺陷长度;渗透检测显示的缺陷迹痕宽度比缺陷实际宽度大很多倍;渗透检测质量验收标准中,用于评定的是缺陷迹痕长度,它大于缺陷的实际长度。

渗透检测体系的分辨力:指渗透检测体系探测缺陷几何特性(尺寸、形状、位置)的能力。众所周知,缺陷迹痕宽度直接影响分辨力。渗透检测时,缺陷迹痕宽度随着显像时间的延长,会变宽,使分辨力下降。

渗透检测体系的可靠性:指渗透检测体系检出缺陷与受检件真实缺陷之间的对应性。渗透检测时,缺陷迹痕的宽度随着显像时间的延长,会变宽;缺陷迹痕长度随着显像时间的延长,会变长;缺陷迹痕的形貌随着现象时间延长,会发生变化。例如,焊缝火口裂纹,开始时,呈星形放射状裂纹形貌,但随着显像时间的延长,会变成圆形显示。另外,渗透检测时,特有的堵塞问题,也大大影响渗透检测体系的可靠性。

渗透检测全过程进行全面质量管理,除应选购符合质量要求的设备仪器和渗透检测剂外,还应对使用中的设备仪器、渗透检测剂以及环境条件等工艺变量进行定期控制校检,对渗透检测的全过程进行严格的控制。

## 第五节　缺陷显示及裂纹检出能力

### 一、缺陷显示

缺陷容积(深度×宽度×长度)越大,它容纳的渗透剂就越多,留在缺陷中输送给显像剂形成显示的渗透剂就越多,缺陷显示越明显。显像剂显示的缺陷图像尺寸比缺陷的实际图像尺寸要大。

渗透剂渗入缺陷后,保留在缺陷内的现象称为渗透剂缺陷截留,简称截留。使用渗透检测方法检测表面开口缺陷,其结果取决于渗透剂渗入缺陷后并保留在缺陷内的能力,即截留能力。被检工件表面及开口缺陷内表面应干净无污染,以保证渗透剂渗入,只要渗入的渗透剂还有一些留有缺陷面上(有或没有显像剂),并把被检工件置于合适的光源下检测观察,渗入缺陷内的渗透剂就会有所显示。

影响渗透剂渗入开口缺陷的因素包括:

(1) 渗透剂的表面张力,渗透剂中的添加物和污染;

(2) 表面缺陷张口的尺寸及表面缺陷的形状;

(3) 受检工件表面的涂层及污染;

(4) 阻止渗透剂渗入缺陷的机械障碍物;

(5) 受检试件及渗透剂的温度(它会影响渗透剂的表面张力和黏度);

(6) 开口缺陷内壁的粗救度及受污染状况;

(7) 渗透检测操作时的大气压。

另外,渗入缺陷的渗透剂必须能够避免或减少去除剂、乳化剂或洗涤水对缺陷内截留物的影响,特别是必须恰到好处地避免从浅而宽的缺陷中被去除是非常重要的。

缺陷的长度是缺陷显示的主要尺寸,它能提供一个肉眼可观察的实测尺寸。

缺陷越狭(宽度小),越浅(深度小),越短(长度小),越不易被发现,所需的渗透停留时间越长。例如,细小的疲劳裂纹、应力腐蚀裂纹及晶间腐蚀裂纹等,能提供的缺陷显示尺寸太小,肉眼很难发现,以致渗透停留时间常常需要长达数小时。

试验结果表明:荧光显示为 0.3 mm 长的缺陷,若以 95%的置信度水平进行检测,大约只有 45%的概率能被检测出来;荧光显示为 1.1 mm 长的缺陷,若以 95%的置信度水平进行检测,大约有 90%的概率能被检测出来。

渗透检测检出表面开口缺陷的检出率,主要取决于表面开口缺陷的开口宽度,其次取决于深度及长度。当表面开口缺陷的开口宽度尺寸,窄到与渗透剂中染料分子尺寸同数量级时,渗透检测中染料分子不能进入缺陷中,缺陷显示将受到极大限制。渗透检测的最高灵敏度,试验结果是 0.1 μm 左右。

## 二、裂纹检出能力

一般认为,渗透检测的裂纹检出能力取决于渗透剂染料中分子大小、缺陷显示图形色彩反差,以及形成目视可见显示所需的渗入缺陷的最小渗透剂量等。

不同的渗透剂,裂纹检出能力是不同的,可使用带裂纹的试块进行灵敏度试验予以测定。利用中间开槽的铝合金淬火试块(A 型试块),可以确定两种不同渗透剂或新旧渗透剂的裂纹检出能力的相对高低。利用不同尺寸的裂纹试块(C 型试块),可以确定渗透剂裂纹检出能力的不同等级。也可使用带有光学平面的凸透镜来测定荧光渗透剂的灵敏度,所形成的黑点直径越小,提供裂纹缺陷显示所需的荧光渗透剂薄膜厚度(临界厚度)越薄,裂纹检出能力越高。

渗透剂中染料种类及浓度将影响裂纹检出能力。渗透剂被化学药品污染,荧光渗透剂长时间受紫外线光照射,着色渗透剂长时间受强日光照射等,将降低裂纹检出能力。先浸渍后滴落的施加渗透剂的工艺方法,可使渗透剂之中的大量挥发性成分挥发掉,而留下更多黏度较大的组分,染料的浓度相对于原渗透剂中的浓度更高,可提高裂纹检出能力。

## 思考题

1. 渗透剂分类方法有哪几种,各分为哪几类? 简述其主要特点。

2. 渗透剂的主要成分是什么? 每种成分各举三例说明。

3. 简述水基及自乳化型着色液的主要组成成分、特征及适用范围。

4. 简述后乳化型着色渗透剂的主要组成成分及适用范围。

5. 简述溶剂去除型着色渗透剂的主要组成成分及适用范围。

6. 简述水洗型荧光渗透剂的主要组成成分及适用范围。

7. 简述后乳化型荧光渗透剂的主要组成成分及适用范围。

8. 简述溶剂去除型荧光渗透剂的主要组成成分及适用范围。

9. 简述渗透剂的物理性能(黏度、表面张力、接触面、密度、挥发性、闪点、燃点、电导性)对渗透检测的影响。

10. 简述渗透剂的化学性能(化学惰性、去除性、含水量、容水量、毒性、溶解性、腐蚀性)对渗透检测的影响。

11. 简述不同的渗透检测方法使用哪些不同的去除剂。

12. 简述亲水性乳化剂与亲油性乳化剂的乳化型式、H.L.B 值及使用注意事项等方面的区别。

13. 简述乳化剂的综合性能要求。

14. 简述溶剂去除剂的主要性能要求。

15. 显像剂分哪几类,各类显像剂的主要组分是什么,各组分的作用是什么?

16. 裂纹检出能力与哪些因素有关,如何测定裂纹检出能力?

17. 什么叫渗透剂缺陷截留,影响渗透剂渗入开口缺陷有哪些因素?

# 第六章　渗透检测技术

渗透检测方法按照常规的分类方法主要可分为水洗型渗透检测法、后乳化型渗透检测法和溶剂去除型渗透检测法，以及其他一些特殊的渗透检测方法。

本章节主要介绍水洗型渗透检测法、后乳化型渗透检测法和溶剂去除型渗透检测法。

## 第一节　渗透检测方法的分类

渗透检测方法的分类较多，但常见的分类方法有如下几种。

(1) 根据渗透液所含染料成分分类；

(2) 根据多余渗透液去除方法分类；

(3) 根据显像方法分类；

(4) 根据灵敏度等级分类；

(5) 根据溶剂去除剂种类分类；

(6) 根据渗透液种类和去除方法分类。

### 一、根据渗透液所含染料成分分类

根据渗透液所含的染料成分，渗透检测方法可分为着色渗透检测法、荧光渗透检测法和荧光着色渗透检测法三大类。有时也简称为着色法、荧光法和荧光着色法。

着色法为渗透液中含有红色染料，在白光或日光下观察缺陷显示图像(一般为红色)；荧光法为渗透液中含有荧光染料，在紫外线照射下观察缺陷显示图像(一般为黄绿色荧光)；荧光着色法兼备荧光和着色两种方法的特点，即缺陷显示图像在白光下呈现红色，而在紫外线照射下又能呈现黄绿色荧光。

### 二、根据多余渗透液去除方法分类

根据工件表面多余渗透液的去除方法，渗透检测可分为水洗型渗透检测法、后乳化型渗透检测法和溶剂去除型渗透检测法三大类。有时也简称为水洗法、后乳化法和溶剂去除法。

水洗型渗透检测法中工件表面多余的渗透液可直接用水去除。水洗型渗透检测法中所用渗透液有两种：一种是水基渗透液，另一种是油基渗透液。水基渗透液的溶剂是水，故工件表面多余的渗透液可直接用水去除。而油基渗透液中含有乳化剂，故工件表面多余的渗透液也可直接用水去除。

后乳化型渗透检测法的渗透液不含乳化剂，工件表面多余的渗透液不能直接用水去除，必须增加一道乳化工序，也就是工件表面多余的渗透液要用乳化剂“乳化”之后方能用水去除掉。因为乳化剂有亲水性与亲油性之分，故后乳化型渗透检测法又分为亲水性后乳化渗透检测法与亲油性后乳化渗透检测法两种。

溶剂去除型渗透检测中的渗透液也不含乳化剂,工件表面多余的渗透液用有机溶剂擦除。

## 三、根据显像方法分类

根据渗透检测中所使用的显像剂,可分为干式显像法及湿式显像法两大类。有时也简称为干法及湿法。

干式显像法是以白色细微粉末作为显像剂(干粉显像剂),施加在清洗去除多余渗透液并干燥后的受检试件表面上。湿式显像法是将白色细微显像剂粉末悬浮于水中(水悬浮湿显像剂)或有机溶剂中(非水湿显像剂),也可将白色细微显像剂粉末溶解于水中(水溶性湿显像剂)。

干式显像剂、水悬浮湿显像剂、非水湿显像剂、水溶性湿显像剂,有时也称干粉显像剂、水悬浮显像剂、溶剂悬浮显像剂(也称速干式显像剂)、水溶性显像剂。

此外,还有特殊显像法(例如塑料薄膜显像剂)及自显像法(不使用显像剂)等。显像方法分类表见表 6-1 所示。

表 6-1 所列的显像方法中,最常用的是非水湿显像法和干粉显像法两大类。干粉显像法主要与荧光渗透液配合使用;非水湿显像法常与溶剂去除型着色渗透液配合使用。

干式显像法、水溶性湿显像法和自显像法均不适用于与着色渗透液配合使用。

**表 6-1　显像方法分类表**

| 分类 | 所使用的显像剂 | 代号 |
|---|---|---|
| 干式显像法 | 干粉显像剂 | a |
| 水基湿显像法 | 水溶性湿显像剂 | b |
| | 水悬浮湿显像剂 | c |
| 非水湿(速干式)显像法像湿显像法 | 非水湿(速干式)显像剂 | d |
| 特殊显像法 | 特殊显像剂 | e |
| 自显像法 | 不用显像剂 | f |

## 四、根据灵敏度等级分类

荧光渗透液根据灵敏度等级进行分类,可分为 1/2 级—最低灵敏度,1 级—低灵敏度,2 级—中灵敏度,3 级—高灵敏度,4 级—超高灵敏度。国防工业产品着色渗透检测时,着色渗透液不根据灵敏度进行分类。而承压设备无损检测规定,着色渗透液根据灵敏度等级分 3 级,1 级—低灵敏度,2 级—中灵敏度,3 级—高灵敏度。

## 五、根据溶剂去除剂种类分类

根据溶剂去除剂等级进行分类,可分为 1 类—含卤溶剂,2 类—不含卤溶剂,3 类—特殊应用。

## 六、根据渗透液种类和不同去除方法分类

根据渗透液种类(着色渗透液、荧光渗透液)不同和表面多余渗透液去除方法不同(水洗

型、后乳化型和溶剂去除型),对渗透检测方法进行分类分为:水洗型荧光渗透检测、亲油后乳化型荧光渗透检测、溶剂去除型荧光渗透检测、亲水后乳化型荧光渗透检测、水洗型着色渗透检测、后乳化型着色渗透检测、溶剂去除型着色渗透检测。

### 七、NB/T 47013.5—2015 规定的分类方法

根据渗透剂种类、渗透剂的去除方法和显像剂种类的不同,NB/T 47013.5—2015 规定的分类方法如表 6-2 所示。

**表 6-2 渗透检测方法分类**

| 渗透剂 | | 渗透剂的去除 | | 显像剂 | |
|---|---|---|---|---|---|
| 分类 | 名 称 | 方法 | 名 称 | 分类 | 名 称 |
| Ⅰ | 荧光渗透检测 | A | 水洗型渗透检测 | a | 干粉显像剂 |
| Ⅱ | 着色渗透检测 | B | 亲油型后乳化渗透检测 | b | 水溶解显像剂 |
| Ⅲ | 荧光、着色渗透检测 | C | 溶剂去除型渗透检测 | c | 水悬浮显像剂 |
| | | D | 亲水型后乳化渗透检测 | d | 溶剂悬浮显像剂 |
| | | | | e | 自显像 |

注:渗透检测方法代号示例:ⅡC-d 为溶剂去除型着色渗透检测(溶剂悬浮显像剂)。

## 第二节 水洗型渗透检测法

水洗型渗透检测法是广泛使用的渗透检测方法之一,它包括水洗型着色渗透检测法及水洗型荧光检测法两种,其典型检测流程见图 6-1 所示。

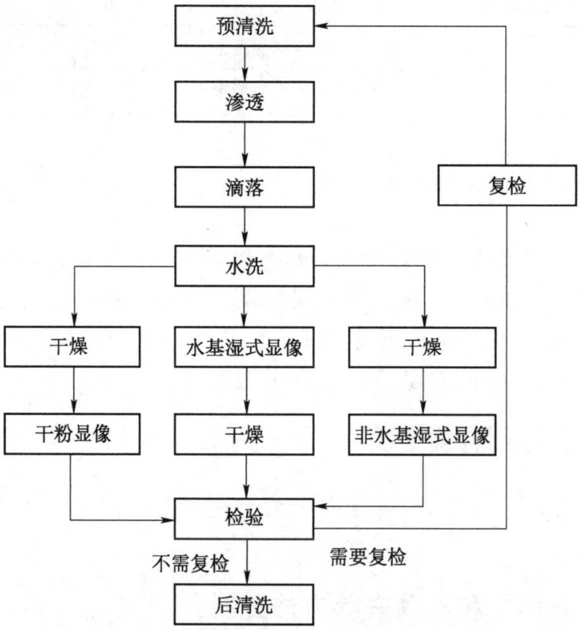


图 6-1 水洗型渗透检测法程序方框图

## 一、水洗型渗透检测法适用范围

水洗型渗透检测法的适用范围如下：

(1) 灵敏度要求不高；

(2) 检测大体积或大面积的工作；

(3) 检测开口窄而深的缺陷；

(4) 检测表面很粗糙(例如砂型铸造)的工件；

(5) 检测螺纹工件和带有键槽的工件。

水洗型渗透检测法所用的渗透剂为水洗型渗透剂。

一般不使用水悬浮式水溶解湿式显像剂；对于着色法一般不用于干式和自显像，因为这两种显像方法均不能形成白色背景，对比度低，故灵敏度也比较低。

## 二、水洗型渗透检测法的优缺点

1. 水洗型渗透检测法的优点

(1) 表面多余的渗透剂可以直接用水去除，相对于后乳化型渗透检测方法，具有操作简便，检测费用低等优点。

(2) 检测周期较其他方法短。能适应绝大多数类型的缺陷检测。如使用高灵敏度荧光渗透剂可检出很细微的缺陷。

(3) 较适合于表面粗糙的工件检测，也适用于螺纹工件、窄缝和工件上的销槽、盲孔内缺陷等的检测。

2. 水洗型渗透检测法的缺点

(1) 灵敏度相对较低，对浅而宽的缺陷容易漏检。

(2) 重复检测时，再现性差，故不宜在复检的场合下使用。

(3) 如清洗方法不当，易造成过清洗，例如，水洗时间过长、水温偏高或水压过大，都可能会将缺陷中的渗透剂清洗掉，降低缺陷的检出率。

(4) 渗透剂的配方复杂。

(5) 抗水污染的能力弱。特别是渗透剂中的含水量超过容水量时，会出现混浊、分离、沉淀及灵敏度下降等现象。

(6) 酸的污染将影响检测的灵敏度，尤其是酸和铬酸盐的影响很大。这是因为酸和铬酸盐在没有水存在的情况下，不易与渗透剂的染料发生化学反应，但当水存在时，易与染料发生化学反应，而水洗型渗透剂中含有乳化剂，易与水相混溶，故酸和铬酸盐对其影响较大。

# 第三节　后乳化型渗透检测法

后乳化型渗透检测法也是广泛时用的渗透检测方法之一。这种方法除了多一道乳化工序外，其余与水洗型渗透检测程序完全一样；这种方法也包括后乳化型着色渗透检测法及后乳化型荧光渗透检测法两种。其中典型检测流程见图 6-2 所示。

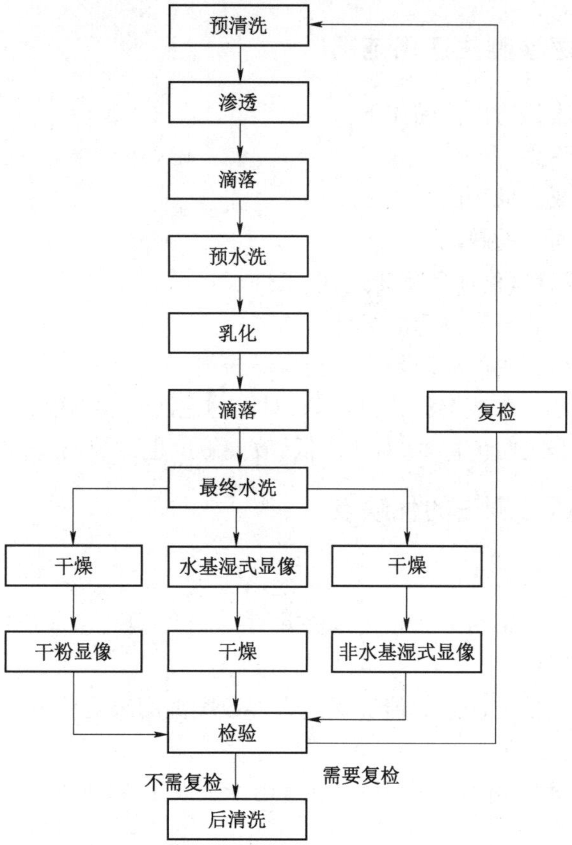


图 6-2 典型检测流程

## 一、后乳化型渗透检测法适用范围

后乳化型渗透检测法的适用范围如下：

(1) 表面阳极化工件，镀铬工件及复杂工件；

(2) 有更高检测灵敏度要求的工件；

(3) 被酸或其他化学试剂污染的工件，而这些物质会有害于水洗型渗透检测剂；

(4) 检测开口浅而宽的缺陷；

(5) 被检工件可能存在使用过程中被污物所污染的缺陷；

(6) 应力或晶界腐蚀裂纹类缺陷(使用最高灵敏度渗透检测剂)；

(7) 磨削裂纹缺陷；

(8) 灵敏度可控，以便在检测出有害缺陷的同时，非有害缺陷不连续能够被放过。

后乳化型渗透检测法也大量应用与经机加工的光洁工件的检测，例如，发电机的涡轮叶片、压气机叶片、涡轮盘等机加工工件的检测。这些工件在检测前最好能进行一次酸洗或碱洗，以去除工件表面 0.001～0.005 mm 的一薄层表面层金属，使被机加工堵塞的缺陷重新露出。

后乳化型渗透检测法因乳化剂不同(亲水型、亲油型)而分为亲水型后乳化渗透检测法和亲油型后乳化渗透检测法两种。亲水型后乳化渗透检测法的去除工序操作工艺为：预水洗→施加乳化剂→最终水洗→滴落余水。亲油型后乳化渗透检测法的去除工序操作工艺为:施加乳化剂→水洗→滴落余水。

渗透时间控制很关键,表 6-3 列出了后乳化型荧光渗透检测法推荐的渗透时间,也可供后乳化型着色渗透检测法参考。

**表 6-3 后乳化型荧光渗透检测法推荐的渗透时间(16～32 ℃)**

| 材料 | 状态 | 缺陷类型 | 渗透时间/min |
|---|---|---|---|
| 铝、镁 | 锻件 | 裂纹、折叠 | 10 |
| | 焊缝 | 气孔、未焊透、裂纹 | 10 |
| | 各种状态 | 疲劳裂纹 | 10 |
| 不锈钢 | 精铸件 | 裂纹 | 20 |
| | | 气孔、冷隔 | 10 |
| | 锻件 | 裂纹 | 20 |
| | | 折叠 | 10～30 |
| | 焊缝 | 裂纹、未焊透、气孔 | 20 |
| | 各种状态 | 疲劳裂纹 | 20 |
| 青铜 | 锻件 | 裂纹 | 10 |
| | | 气孔、冷隔 | 5 |
| 黄铜 | 锻件 | 裂纹 | 10 |
| | | 折叠 | 5～15 |
| | 钎焊缝 | 裂纹、未焊透、气孔 | 10 |
| | 各种状态 | 疲劳裂纹 | 10 |
| 塑料 | | 裂纹 | 2 |
| 玻璃 | | 裂纹 | 5 |
| 玻璃与金属封严 | | 裂纹 | 5～60 |
| 硬质合金刀头 | 钎焊刀头 | 气孔、未熔合 | 5 |
| | | 裂纹 | 20 |
| 钛合金与高温合金 | 各种状态 | 各种缺陷 | 20～30 |

## 二、后乳化型渗透检测法的优缺点

1. 后乳化型渗透检测法的优点

(1) 具有较高的检测灵敏度;

(2) 能检出浅而宽的表面开口缺陷;

(3) 因渗透剂不含乳化剂,故渗透速度快,渗透时间比水洗型要短;

(4) 抗污染能力强,不易受水、酸和铬盐的污染;

(5) 重复检测的再现性好;

(6) 渗透剂不含乳化剂,故温度变化时,不会产生分离、沉淀和凝胶等现象。

2. 后乳化型渗透检测法的缺点

(1) 要进行单独的乳化工序,故操作周期长,检测费用大;

(2) 必须严格控制乳化时间,才能保证检测灵敏度;

(3) 要求工件表面有较低的粗糙度。如工件表面粗糙度较大或工件上存在凹槽、螺纹或拐角、键槽时,渗透剂不易被清洗掉;

(4) 大型工件用后乳化渗透检测法比较困难。

# 第四节 溶剂去除型渗透检测法

溶剂去除型渗透检测法是渗透检测中应用较广的一种方法,它也包括溶剂去除型着色渗透检测法及溶剂去除型荧光渗透检测法两种,其检测程序见图 6-3 所示。

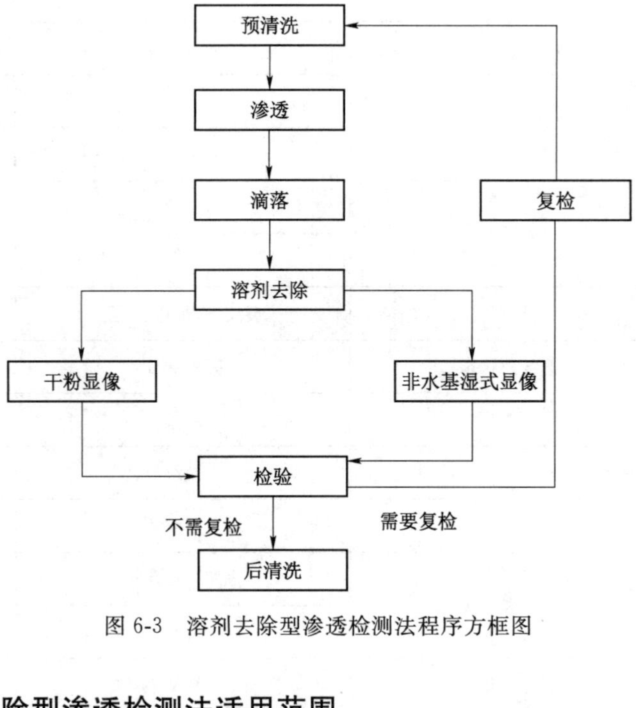


图 6-3 溶剂去除型渗透检测法程序方框图

## 一、溶剂去除型渗透检测法适用范围

焊接件和表面光洁的工件,特别适用于大工件的局部检测,也适用于非批量工件和现场检测。工件检测前的清洗和渗透剂的去除都采用同一种有机溶剂。

溶剂去除型渗透检测法所用渗透剂不是专用渗透剂,可以使用后乳化型渗透剂,也可以使用水洗型渗透剂。仅仅是因为去除方法不同,形成了不同的渗透检测方法。溶剂去除型渗透检测多采用非水基湿式显像剂即溶剂悬浮显像剂显像,具有较高的检测灵敏度。

## 二、溶剂去除型着色检测法的优缺点

1. 溶剂去除型着色检测法的优点

(1) 设备简单。渗透剂、清洗剂和显像剂一般装在喷灌中使用,故携带方便,且不需要暗室和黑光灯;

(2) 操作方便,对单个工件检测速度快;

(3) 适合于外场和大工件的局部检测,配合返修或有怀疑的部位,可随时进行局部检测;

(4) 可在没有水、电的场合下进行检测;

(5) 缺陷污染对渗透检测灵敏度的影响不像对荧光渗透检测的影响那样严重,工件上残留的酸和碱对着色渗透剂的破坏不明显;

(6) 与溶剂悬浮型显像剂配合使用,能检出非常细小的缺陷。

2. 溶剂去除型着色检测法的缺点

(1) 所用的材料多数是易燃和易挥发的,故不宜在开口槽中使用;

(2) 相对于水洗型和后乳化型而言,不太适合于批量工件的连续检测;

(3) 不太适用于表面粗糙的工件检测,特别是对吹砂的工件表面更难应用;

(4) 擦拭去除表面多余渗透剂时要细心,否则易将浅而宽的缺陷中的渗透剂洗掉,造成漏检。

# 第五节　渗透检测方法的选用

不同的渗透检测材料灵敏度是不同的,不是所有的渗透检测灵敏度级别、材料和工艺方法均适用于各种检测要求。灵敏度级别达到预期检测目的即可,并不是灵敏度级别越高越好。相同条件下,一般后乳化型渗透检测材料系统灵敏度比水洗型渗透检测材料系统高;荧光渗透检测材料系统灵敏度比着色渗透检测材料系统高。

疲劳裂纹、磨削裂纹及其他微小裂纹的检测,宜选用后乳化型荧光渗透检测法或溶剂去除型荧光渗透检测法;当灵敏度要求不高时,例如检测铸件,可选用水洗型着色渗透检测法。

另外,选用合适的显像方法对保证检测灵敏的很重要。如光洁的工件表面,干粉显像剂不能有效地吸附在工件表面上,因而不利于形成显示,故采用湿式显像比干粉显像好;相反,粗糙的工件表面则适于采用干粉显像。采用湿式显像时,显像剂可能会在拐角、孔洞、空腔、螺纹根部等部位积聚而掩盖显示。溶剂悬浮显像剂对细微裂纹的显示很有效,但对浅而宽的缺陷显示效果则较差。

对在用承压设备进行渗透检测时,如制造时采用高强度钢以及对裂纹(包括冷裂纹、热裂纹、再热裂纹)敏感的材料;或是长期工作在腐蚀介质环境下,有可能发生应力腐蚀裂纹的场合,其内壁宜采用荧光渗透检测方法进行检测。

NB/T 47013.5—2015 规定:

(1) 渗透检测方法的选用,首先应满足检测缺陷类型和灵敏度的要求。在此基础上,可根据被检工件表面粗糙度、检测批量大小和检测现场的水源、电源等条件来决定。

(2) 对于表面光洁且检测灵敏度要求高的工件,宜采用后乳化型着色法或后乳化型荧光法,也可采用溶剂去除型荧光法。

(3) 对于表面粗糙且检测灵敏度要求低的工件宜采用水洗型着色法或水洗型荧光法。

(4) 对现场无水源、电源的检测宜采用溶剂去除型着色法。

(5) 对于批量大的工件检测,宜采用水洗型着色法或水洗型荧光法。

(6) 对于大工件的局部检测,宜采用溶剂去除型着色法或溶剂去除型荧光法。

## 思考题

1. 常见的渗透检测分类方法有哪几种?
2. 简述水洗型渗透检测法的基本工艺流程及适用范围。
3. 简述水洗型渗透检测法的优缺点。
4. 简述后乳化型渗透检测法的基本工艺流程及适用范围。
5. 简述后乳化型渗透检测法的优缺点。
6. 简述溶剂去除型渗透检测法的基本工艺流程及适用范围。
7. 简述溶剂去除型渗透检测法的优缺点。
8. 渗透检测方法的选择原则是什么？举例说明。

# 第七章　渗透检测工艺

根据不同类型的渗透剂，不同的表面多余渗透剂的去除方法与不同的显像方式，可以组成多种的渗透检测方法。这些方法间虽然存在若干差异，但都是按照几个基本步骤进行操作的。

NB/T 47013.5—2015 规定渗透检测操作的基本步骤如下：

(1) 预处理；

(2) 施加渗透剂；

(3) 去除多余的渗透剂；

(4) 干燥处理；

(5) 施加显像剂；

(6) 观察及评定；

(7) 后处理。

## 第一节　渗透检测时机

渗透检测时机：检测一般以最终成品为对象。但生产和维修中的检测也常常使用渗透方法。时机安排原则一般如下。

渗透检测应在喷漆、镀层、阳极化、涂层、氧化或其他表面处理工序前进行。表面处理后还局部机加工的，对该局部机加工表面需再次进行渗透检测。

工件要求腐蚀检测时，渗透检测紧接在腐蚀工序后进行。

焊接件在热处理后进行渗透检测。如需进行两次以上热处理，可在温度较高的一次热处理后进行渗透检测，紧固件和锻件的渗透检测一般安排在热处理之后进行。

使用过的工件应去除表面积炭层及漆层后进行渗透检测。但阳极化层可不去除，直接进行渗透检测。完整无缺的脆漆层(电镀)，可不必去除就直接进行渗透检测。在漆层上检测发现裂纹后，去除裂纹部位的漆层再检测基体金属上有无裂纹。

磨削、焊接、矫直、机械加工和热处理等操作，如果可能产生表面缺陷，渗透检测则应在这些操作完成后进行。对于有延迟裂纹倾向的材料，至少应在焊接完成 24 h 后进行焊接接头的渗透检测。

渗透检测通常在喷丸和研磨操作前进行，如果在其后进行，则应进行包括腐蚀在内的预清洗操作，使表面开口完全开口。

NB/T 47013.5—2015 规定：

(1) 除非另有规定，焊缝的渗透检测应在焊接完工后或焊接工序完成后进行。对有延迟裂纹倾向的材料，至少应在焊接完成 24 h 后进行焊缝的渗透检测。

(2) 紧固件和锻件的渗透检测一般应安排在最终热处理之后进行。

# 第二节 预处理

## 一、表面准备和预清洗

1. 表面准备

检测部位的表面状况在很大程度上影响渗透检测的质量。任何渗透检测成功与否，在很大程度上取决于被检表面的污染程度及粗糙程度。所有污染物会阻碍渗透剂进入缺陷。另外，清理污染过程中产生的残余物反过来也能同渗透剂起反应，影响渗透检测灵敏度。被检表面的粗糙程度也会影响渗透检测效果。

受检工件表面准备和预清洗基本要求是，任何可能影响渗透检测的污染物必须清除干净；同时，又不得损伤受检工件的工作功能。例如：不得用钢丝刷打磨铝、镁、钛等软金属，密封面不得进行酸蚀处理等。

NB/T 47013.5—2015 规定的表面准备要求：

(1) 工件被检表面不得有影响渗透检测的铁锈、氧化皮、焊接飞溅、铁屑、毛刺以及各种防护层；

(2) 经过机加工的被检表面一般要求粗糙度 Ra≤12.5 μm；非机加工表面粗糙度可适当放宽，但不得影响渗透检测结果；

(3) 渗透检测准备工作范围应从检测部位四周向外扩展 25 mm。

2. 预清洗

检测部位的表面状况在很大程度上影响着渗透检测的检测质量。因此在进行表面清理之后，应进行预清洗，以去除检测表面的污垢。清洗时，可采用溶剂、洗涤剂等进行。铝、镁、钛合金和奥氏体钢制零件经机械加工的表面，如确有需要，可先进行酸洗或碱洗，然后再进行渗透检测。清洗后，检测面上遗留的溶剂和水分等必须干燥，且应保证在施加渗透剂前不被污染。

通常情况下，焊缝、轧制件、铸件、锻件的表面状态是可以满足检测要求的。当它们的表面存在不规则外形影响检测效果，或铁锈、型砂、积炭等物，可能遮盖缺陷痕迹，或对检测效果产生干扰时，必须用打磨或机加工方法进行表面处理。打磨或机加工方法可能堵塞表面缺陷的开口，降低渗透检测效果，特别是对铝、镁、钛等软金属，因此，打磨或机加工后应进行酸蚀处理；喷丸后也应进行酸蚀处理。

在渗透检测的表面准备和预清洗中，要防止由于清理和清洗方法不当造成明显的堵塞。例如，采用化学方法和溶剂去除方法时，应尽量避免浸泡法或刷洗法，杜绝压力水喷的方式。在不得已采用浸泡、刷洗或压力水喷法时，必须注意随后的干燥，防止可能造成的浸润堵塞。如烘烤或吸附方法使缺陷重新暴露，期间只充满空气。

## 二、污染物类别及其对渗透检测的影响

1. 常见的污染物

(1) 铁锈、氧化皮、腐蚀产物；

（2）焊接飞溅、焊渣、铁屑、毛刺；

（3）油漆及其他有机防护层；

（4）发蓝层及磷酸盐、铬酸盐转化的涂层等。

2. 预清洗用于清洗受检工件表面以下污物

（1）防锈油、机油、润滑油及含有有机组分的其他液体；

（2）水和水蒸发后留下的化合物；

（3）强酸、强碱及包括卤素在内的有机化学活性的残留物。

3. 清除污染物的方法

常用方法有机械清理、化学清洗、溶剂清洗。

（1）机械清理及表面修整

包括振动光饰、抛光、干吹砂、湿吹砂、砂轮磨等。

振动光饰适用于去除轻微的氧化皮、毛刺、锈蚀、铸件型砂或模料等，不能用于铝、镁、钛等软金属材料。

抛光适用于去除表面的积炭、毛刺等。

干吹砂适用于去除氧化皮、熔渣、铸件型砂、模料、喷涂层和积炭等。湿吹砂可用于去除轻微的沉积物。如果不会使金属表面硬化或使表面缺陷被磨料封堵或污物的话，可以用吹砂打磨来清理金属表面。

钢丝刷和砂轮磨用于去除氧化皮、熔渣、铁屑、铁锈等。但涂层必须用化学法去除，不能用打磨法去除。

经过机械处理的工件，渗透检测前一般应进行酸洗或碱洗。焊接件和铸件吹砂后可直接进行渗透检测；精密铸造的关键工件如涡轮叶片等，吹砂后必须酸洗方能渗透检测。喷丸处理后的工件也应进行酸洗或碱洗。渗透检测通常安排在喷丸前进行。

（2）碱洗及蒸汽清洗

碱洗适用于去除油污、抛光剂、积炭等，多用于铝合金。

热的碱洗液还可以用来除锈和除垢，清除掩盖表面缺陷的氧化皮。

注意，采用碱洗工艺清洗后的工件，必须把清洗剂冲洗干净，并在渗透检测前将其整体加热干燥。

蒸汽清洗时一种改进的热碱洗清洗方法，在容器内进行，适用于大型工件。能够清洗被检工件表面的无机物和各种有机污物，但无法清除较深缺陷底部的污物。此时，可采用溶剂浸泡法。

部分碱洗液配方及适用范围见表 7-1 所示。

**表 7-1　酸洗、碱洗液配方及适用范围**

| 名称 | 配方 | 温度 | 中和液 | 适用范围 |
|---|---|---|---|---|
| 酸洗液 | 硝酸 80%<br>氢氟酸 10%<br>水 10% | 室温 | 氢氧化铵 25%<br>水 75% | 不锈钢工件 |
| | 盐酸 80%<br>硝酸 13%<br>氢氟酸 7% | 室温 | | 镍基合金 |

续表

| 名称 | 配方 | 温度 | 中和液 | 适用范围 |
|---|---|---|---|---|
| 酸洗液 | 硫酸 100 ml<br>铬酐 40 ml<br>氢氟酸 10 ml<br>加水至 1 L | 室温 | 氢氧化铵 25%<br>水 75% | 钢工件 |
| 碱洗液 | 氢氧化钠 10%<br>水 90% | 77～88 ℃ | 硝酸 25%<br>水 75% | 铝合金铸件 |
| | 氢氧化钠 6 g<br>水 1 000 ml | 70～77 ℃ | | 铝合金铸件 |

(3) 酸洗处理

酸洗处理的作用:酸洗处理可以清除被检表面的锈蚀。酸洗处理可以清除可能掩盖表面缺陷,并且可能妨碍渗透剂渗入表面开口缺陷的氧化皮。被检工件经打磨、机械加工后,进行酸洗处理时,可以清除封闭表面开口缺陷的金属毛刺。

酸洗处理的注意事项如下:

酸和铬酸盐会影响荧光染料的发光作用,因此,酸洗后必须清洗干净,使工件表面呈中性,并在施加渗透剂前充分干燥。

被检工件酸洗后可能发生氢脆。因此,酸洗处理后的被检工件应进行去氢处理;并在施加渗透剂前将工件冷至 50 ℃以下。

酸洗时要严格控制时间,防止被检表面腐蚀严重。

酸洗后要进行中和处理,然后在流动的水中进行彻底的清洗。

(4) 溶剂去除

包括溶剂蒸气除油和溶剂液体清洗。

溶剂蒸气除油通常为三氯乙烯蒸气除油溶剂液体清洗通常用酒精、丙酮或汽油、三氯乙烯等清洗或擦洗,常用于大工件的区域清洗。

溶剂不能去除锈蚀、氧化皮、焊瘤、飞溅物以及普通无机物。

溶剂蒸气除油是清除受检工件表面和开口缺陷处的油和油脂类污物较好的方法。但它不能清除无机型污染物(如夹渣、腐蚀、盐类等),也不能清除树脂类(如塑料、涂层、清漆、油漆等)。三氯乙烯在使用过程中易受热、光、氧的作用分解成酸性,因此,在使用过程中要经常测量酸度值。

若需要将深缺陷中的油脂全部清除干净时,建议采用溶剂浸泡法。

钛合金工件易与卤族元素作用产生应力腐蚀裂纹,因此,钛合金应采用添加特殊抑制剂的三氯乙烯除油,并在除油前进行消除应力处理。

橡胶、塑料及油漆工件不能使用三氯乙烯蒸气除油,因为三氯乙烯会破坏工件,也不得使用会对其产生有害影响的溶剂除油,应通过实验,确认所使用的溶剂是否会对橡胶、塑料工件产生有害影响。

铝、镁合金工件除油后在空气中容易腐蚀,应尽快浸入渗透剂中。

(5) 洗涤剂清洗

洗涤剂清洗液是一种不易燃的水溶液,含有特殊的表面活性剂,能够对各类污物(如油脂、油膜、切削较高润滑油等)起润湿、渗透、乳化及皂化作用。

洗涤剂清洗液可分为碱性、中性、酸性三类,选定的清洗液对工件应无腐蚀作用,清洗时间一般为 10～15 min,清洗温度一般为 75～95 ℃,浓度按制造厂的推荐值,清洗时应作适当搅动。

(6) 超声波清洗

超声波清洗利用超声波的机械振动,去除工件表面的油污。它常与洗涤剂或有机溶剂配合使用,可提高清洗效果、减少清洗时间,便于大批量小工件检测。

如果时清除无机污物,如清除锈蚀、夹渣、盐类、腐蚀物等,应辅以水和洗涤剂。如果是清除有机污物,如油脂、油膜等,则应辅以有机溶剂。

超声清洗后施加渗透剂前,应加热被检工件,以去除溶剂或洗涤剂,然后将被检工件冷却至 50 ℃以下。

(7) 去漆处理

根据油漆的化学成分,有针对性地选择去漆剂,能够有效的去除被检表面的油漆薄层。去漆层时,可采用热的碱洗液清洗,也可采用特殊的去漆剂。油漆膜层必须完全除掉,直至露出金属表面。

去漆后,应使工件表面充分干燥。

## 第三节　施加渗透剂

### 一、渗透剂的施加方法

施加渗透剂的方法根据被检工件大小、形状、数量和检测部位选择。所选方法应保证被检部位完全被渗透剂覆盖,并在整个渗透时间内保持润湿状态。具体施加方法如下:

(1) 喷涂:静电喷涂、喷灌喷涂或低压循环泵喷涂等。适用于大工件的均布或全部检测。

(2) 刷涂:刷子、棉纱、抹布刷涂。适用于局部检测、焊缝检测。

(3) 浇涂(流涂):将渗透剂直接浇在受检工件表面上。适用于大工件的局部检测。

(4) 浸涂:把整个被检工件全部进入渗透剂中。适用于小工件的表面检测。

### 二、渗透时间及温度

1. 渗透时间

渗透时间是指施加渗透剂到开始去除处理之间的时间。

采用浸涂法施加时,还应包括排液所需的时间。这时是施加渗透剂时间和滴落时间之和。被检工件浸涂渗透剂后,应进行滴落,以减少渗透剂的损耗。滴落时,排除被检工件表面流淌的渗透剂所需的时间称滴落时间。

渗透时间又称接触时间或停留时间。被检工件不同,要求发现缺陷的种类和大小不同,被检表面状态及所用渗透剂不同,渗透时间的长短也不同。NB/T 47013.5—2015 规定:在整个检测过程中,渗透检测剂的温度和工件表面温度应该在 5～50 ℃的温度范围,在 10～

50 ℃的温度条件下，渗透剂持续时间一般不少于 10 min；在 5～10 ℃的温度条件下，渗透剂持续时间一般不少于 20 min 或按照说明书操作。当温度条件不能满足上述条件时，应采用 A 型试块按照标准规定的非标准温度的检测方法对操作方法进行鉴定。

对于怀疑有缺陷的被检工件，渗透时间可适当延长，或额外施加渗透剂，以保证缺陷内渗入足够的渗透剂。应力腐蚀裂纹等特别细微，渗透时间需更长，甚至长达 2 h。

2. 渗透温度

渗透温度一般控制在 5～50 ℃范围内，温度太高，渗透剂易干在工件上，给清洗带来困难；温度太低，渗透剂变稠，动态渗透参量受影响。为了提高检测细小裂纹的灵敏度，可将渗透温度控制在 5～50 ℃范围的上限。当渗透检测不可能在 5～50 ℃的标准温度范围内进行时，则应用铝合金淬火试块进行对比实验，对操作方法进行鉴定。

## 第四节 乳化处理

在进行乳化处理前，对被检工件表面所附着的残余渗透剂应尽可能去除。使用亲水型乳化剂时，先用水喷法直接排除大部分多余的渗透剂，再施加乳化剂，待被检工件表面多余的渗透剂充分乳化，然后再用水清洗。使用亲油型乳化剂时，乳化剂不能在工件上搅动，乳化结束后，应立即浸入水中或用水喷洗方法停止乳化，再用水喷洗。

乳化剂可采用浸渍、浇涂和喷洒（亲水型）等方法施加于工件被检表面，不允许采用刷涂法。

对过渡的背景可通过补充乳化的办法予以去除，经过补充乳化后仍未达到一个满意的背景时，应将工件按工艺要求重新处理。出现明显的过清洗时要求将工件清洗并重新处理。

乳化时间取决于乳化剂和渗透剂的性能及被检工件表面粗糙度。一般应按生产厂的使用说明书和对比试验选取。

## 第五节 去除多余的渗透剂

去除被检表面多余的渗透剂，又不将已渗入缺陷中的渗透剂清洗出来。水洗型渗透剂直接用水去除，后乳化型渗透剂经乳化后再用水去除，溶剂去除型渗透剂用有机溶剂擦除。

在清洗工件被检表面以去除多余的渗透剂时，应注意防止过度去除而使检测质量下降，同时也应注意防止去除不足而造成对缺陷显示识别困难。用荧光渗透剂时，可在紫外灯照射下边观察边去除。

### 一、水洗型渗透剂的去除

水洗型荧光渗透剂用水喷法清洗时，应使用粗水柱，喷头距离受检工件 300 mm 左右，应由下而上进行，以免留下一层难以去除的荧光薄膜。水洗型渗透剂中含有乳化剂，所以水洗时间长，水洗压力高，水洗温度高。这便有可能把缺陷中的渗透剂清洗掉，产生过清洗。在得到合格背景的前提下，水洗时间越短越好。荧光渗透剂的去除，可在紫外灯照射下边观察边进行。着色渗透剂的去除应在白光下控制进行。除水喷洗外，去除方法还有手工水擦洗、空气搅拌水浸方法。

NB/T 47013.5—2015 规定：水洗型渗透剂（乳化后）可用水去除。冲洗时，水射束与被检面的夹角以 30° 为宜，水温为 10～40 ℃，如无特殊规定，冲洗装置喷嘴处的水压应不超过 0.34 MPa。在无冲洗装置时，可采用干净不脱毛的抹布蘸水依次擦洗。

## 二、后乳化型渗透剂的去除

施加亲水型乳化剂的操作方法是先用水预清洗，然后乳化，最后再用水冲洗。施加乳化剂时，只能用浸涂、浇涂或喷涂（喷涂浓度不超过 5%）。不能刷涂，因为刷涂不均匀。

预水洗的目的是尽量洗去工件表面多余的渗透剂，减少渗透剂对乳化剂的污染。预水洗可用压缩空气水喷枪喷洗或进入搅拌水槽中清洗。预水洗温度不高于 40 ℃，预水洗时间控制在尽量短的时间范围内。

施加亲油型乳化剂的操作方法是直接用乳化剂乳化，然后用水冲洗；施加乳化剂时，只能用浸涂法或浇涂法，不能用刷涂法或喷涂，也不能在被检工件上搅动。

乳化工序是后乳化型渗透检测工艺中最关键的步骤，必须严格控制乳化时间，防止过乳化。在保证达到允许的背景下，乳化时间应尽量短。

工件从乳化槽中取出后均需滴落。滴落时间是乳化时间的一部分。即乳化时间等于浸入乳化剂中的时间与滴落时间之和。

乳化时间的影响因素包括工件表面粗糙度、乳化剂浓度、乳化剂温度、乳化剂被污染程度和后乳化型渗透剂种类。需对具体工件通过实验选择最佳乳化时间，并且要根据乳化剂被污染、乳化能力不断降低现象，修正乳化时间。

乳化时间取决于乳化剂和渗透剂的性能及被检工件表面粗糙度。一般应按生产厂的使用说明书和实验选取。一般原则：亲油型乳化剂的乳化时间在 2 min 内，亲水型乳化剂的乳化时间在 5 min 内。

乳化温度在 20～30 ℃范围较好，环境温度太低，可将乳化剂加温使用。乳化结束后，即将工件立即浸入不超过 40 ℃的搅拌水中清洗，以迅速停止乳化剂的乳化作用。

亲水型后乳化型渗透检测法最终水洗及亲油后乳化型渗透检测法施加乳化剂后水洗，需在白光或黑光灯下进行，以控制清洗质量。若在白光或黑光灯下发现清洗不干净，说明乳化时间不足，此时，应将工件烘干，重新对工件进行渗透检测并增加乳化时间，已达到合格的背景。

NB/T 47013.5—2015 规定：后乳化型渗透剂（乳化后）可用水去除。冲洗时，水射束与被检面的夹角以 30° 为宜，水温为 10～40 ℃，如无特殊规定，冲洗装置喷嘴处的水压应不超过 0.34 MPa。在无冲洗装置时，可采用干净不脱毛的抹布蘸水依次擦洗。

## 三、溶剂去除型渗透剂的去除

溶剂去除型渗透剂用清洗/去除溶剂去除。除特别难清洗的地方外，一般应先用干燥、洁净不脱毛的布依次擦拭，直至绝大部分过量多余的渗透剂被去除后，再用蘸有清洗/去除溶剂的干净、不脱毛布或纸进行擦拭，直至将被检表面上多余的渗透剂全部擦净。为了避免将缺陷中的渗透剂清除掉，要注意防止使用过多的溶剂造成过清洗，同时也应注意防止去除不足而造成对缺陷显示识别困难。在施加渗透剂以后到显像之前，禁止用溶剂冲洗表面。

NB/T 47013.5—2015 规定:除特别难清洗的地方外,一般应先用干燥、洁净不脱毛的布依次擦拭,直至大部分多余渗透剂被去除后,再用蘸有清洗剂的干净不脱毛布或纸进行擦拭,直至将被检面上多余的渗透剂全部擦净。但应注意,不得往复擦拭,不得用清洗剂直接在被检面上冲洗。

图 7-1 表示采用不同的去除表面多余的渗透剂的去除方法从缺陷中去除渗透剂的可能性。中可以看出,用不沾有机溶剂的干布擦拭时,缺陷中的渗透剂保留最好;后乳化型渗透剂的乳化去除法较好;水洗型渗透剂的水洗去除法较差;有机溶剂清洗去除法最差,缺陷中的渗透剂被有机溶剂清洗掉很多。

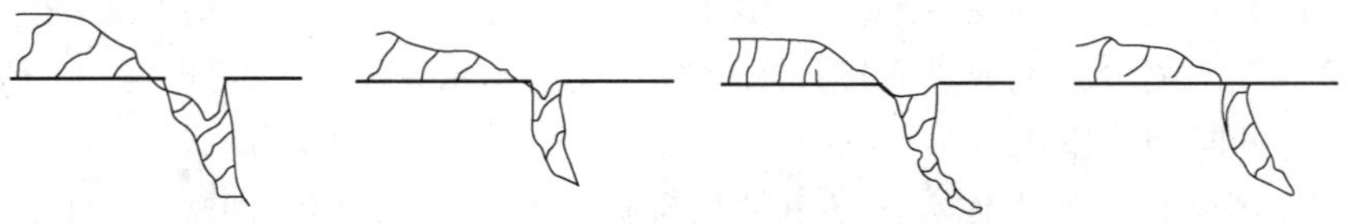

(a) (b) (c) (d)

图 7-1 去除方法与缺陷中渗透剂被去除可能性的关系示意图

(a) 溶剂清洗;(b) 水洗型渗透剂的水洗;(c) 后乳化型渗透剂去除;(d) 干布擦除

# 第六节 干 燥

## 一、干燥的目的和时机

干燥的目的是除去被检工件表面的水分,使渗透剂充分地渗入缺陷或回渗到显像剂上。

干燥的时机与表面多余渗透剂的去除方法和使用的显像剂密切相关。原则上,溶剂去除法渗透检测时,不必进行专门的干燥处理,应在室温下自然干燥,不得加热干燥。用水清洗的被检工件,施加干式显像剂、溶剂悬浮显像剂时,检测面应在施加前进行干燥,施加水湿式显像剂(水溶解、水悬浮显像剂)时,检测面应在施加后进行干燥处理。采用自显像应在水清洗后进行干燥。

## 二、常用的干燥方法

干燥的方法有干净布擦干、压缩空气吹干、热风吹干、热空气循环烘干等。实际应用中,是将多种干燥方法组合使用,如,被检工件水洗后,先用干净布擦去表面明显的水分,在用经过过滤的清洁干燥的压缩空气吹去表面的水分,尤其是盲孔、凹槽、内腔等部位及可能给水部位的水,然后放进热空气循环干燥装置中干燥。另一种方法时在室温下使用环流风扇。使用这种方法的渗透检测,灵敏度通常不及使用加热的干燥法。只有当被检工件由于尺寸或质量等原因不能使用烘箱时,才使用环流风扇吹干。使用这种方法的渗透检测,其灵敏度通常不及使用加热的干燥法。只有当被检工件由于尺寸或质量等原因不能使用烘箱时,才使用环流风扇吹干的方法。

## 三、干燥温度和时间

干燥温度不能太高,干燥时间不能太长,否则会将缺陷中的渗透剂烘干,不能形成缺陷显示。允许的最高干燥温度与所有渗透剂种类及被检材料有关。

干燥时间工件与被检工件材料、尺寸、被检工件水分多少、工件初始温度和烘干装置的温度等因素有关，还与每批被干燥的工件数量有关。为控制最短干燥时间，应控制每批放进烘干装置中的工件数量。另外，薄截面被检工件或高导热性被检不应与干燥速率缓慢的被检工件一起干燥，否则，干燥温度与时间很难控制。

干燥时要防止被检工件筐、吊具上的渗透检测材料及操作者手上的油污对被检工件造成污染，而产生伪显示或遮盖缺陷显示。为防止污染，应将干燥后的操作与干燥前的操作隔离开。

正确的干燥温度须经试验确定。NB/T 47013.5—2015 规定：干燥时，被检面的温度应不高于 50 ℃，当采用溶剂去除多余渗透剂时，应在室温下自然干燥。干燥时间通常为 5～10 min。

# 第七节　显　像

显像的过程是在被检工件表面施加显像剂，利用毛细作用原理将缺陷中的渗透剂吸附至被检工件表面，从而产生清晰可见的缺陷图像。显像时间不能太长，显像剂不能太厚，否则缺陷显示会变模糊。

## 一、显像方法

常用的显像方法有干式显像、非水基湿式显像、湿式显像和自显像等。

1. 干式显像

干式显像也称干粉显像，主要用于荧光渗透检测法。

使用干式显像时，必须经干燥处理，再经适当方法将显像剂均匀地喷洒在整个被检工件表面上，并保持一段时间。多余的显像剂通过轻敲或轻气流清除方法去除。干粉显像可将被检工件埋入显像粉中进行，也可用喷枪或喷粉柜喷粉现象，但最好采用喷粉柜喷粉现象。

2. 非水基湿式显像

也称溶剂悬浮显像，主要采用压力喷灌喷涂。

使用溶剂悬浮显像剂时，在被检面经干燥处理后，将显像剂喷洒或刷涂到被检面上，然后进行自然干燥或用暖风(30～50 ℃)吹干。

喷涂前应充分摇动喷灌，使显像剂重新悬浮，固体粉末重新呈细微颗粒均匀分散状。喷涂时应进行试喷验证。对被检表面用喷雾罐均匀喷涂显像剂，喷涂厚度应能使显像剂形成一层均匀的薄膜覆盖于整个被检区域，不可在同一地点反复多次施加。

NB/T 47013.5—2015 规定：喷涂显像剂时，喷灌离被检表面距离为 300～400 mm，喷涂方向与被检面夹角为 30°～40°。禁止在被检面上倾倒湿式显像剂，以免冲洗掉渗入缺陷内的渗透剂。

3. 水基湿式显像

分为水悬浮湿式显像及水溶解湿式显像。

使用水湿式显像剂时，在被检面经过清洗处理后，可直接将显像剂喷洒到被检面上后，将被检工件浸入到显像剂中,然后迅速排除多余显像剂,再进行干燥处理。

水基湿式显像可采用浸涂或喷涂,多采用浸涂。涂覆后进行滴落,然后在热空气循环烘干装置中烘干,干燥过程就是显像过程。水悬浮湿式显像时,为防止显像剂粉末沉淀,浸涂时要不定时进行搅拌。被检工件在滴落和干燥期间,应确保显像剂不再形成过厚的显像剂层。

4. 自显像法

对灵敏度要求不高的检测,如铝、镁合金砂型铸件及陶瓷件等,可采用自显像法的显像工艺。即在干燥后不施加显像剂,停留 10～120 min,待缺陷中的渗透剂重新回渗到被检工件表面后,再进行检测。为保证足够的灵敏度,通常采用较高一个等级的渗透剂进行渗透,在更强的黑光灯下进行检测。自显像法省掉了施加显像剂步骤,简化了工序,节约了检测费用。

## 二、显像时间

不同的显像方式显像时间的含义不同。对于干式显像剂而言,是指从施加显像剂起到开始观察检测缺陷显示的时间;对湿式显像剂而言,是指从显像剂干燥起到开始观察检测缺陷显示的时间。

显像时间取决于显像剂和渗透剂的种类、缺陷大小以及被检工件温度。非水基湿式显像(即溶剂悬浮式显像剂)由于有机溶剂挥发较快,显像时间很短。

被检工件必须给以足够的显像时间让显像作用充分进行,但也应在渗透剂扩展的过宽及缺陷显示变得难以评定之前完成检测。检测非常小的缺陷时,较长的显像时间可能会有利。显像时间过长会使缺陷显示严重扩散,特别是缺陷中渗透剂回渗现象严重时,显像后应尽快地进行检测。NB/T 47013.5—2015 规定:采用自显像时,显像时间最短 10 min,最长 2 h,其他显像方法显像时间一般应不小于 10 min,且不大于 60 min。

## 三、干式显像与湿式显像比较

干式显像与湿式显像相比,干式显像剂只吸附在缺陷部位,即使经过一段时间后,缺陷轮廓图形也不散开,依然能够显示清晰的图像,所以干式显像时,可以分开显示出相互接近的缺陷。另外,通过缺陷轮廓图像进行等级分类时误差也小。即干式显像剂显像分辨力较高。

湿式显像后,如防止时间较长,缺陷显示图像会扩展,其形状和大小发生变化,但湿式显像剂易于在被检表面上形成覆盖层,有利于形成缺陷显示并提供良好背景,对比度较高,从而检测灵敏度较高。尤其是溶剂悬浮显像剂中含有常温下易于挥发的有机溶剂,有机溶剂在显像表面上迅速挥发能大量吸热。由于显像剂的吸附是放热过程,所以溶剂迅速挥发大量吸热,能促进显像剂对缺陷中回渗的渗透剂的吸附,加剧吸附作用,使显像灵敏度提高。

## 四、显像剂的选择

渗透剂不同,表面状态不同,使用的显像剂也应不同。

采用荧光渗透剂时:光洁光滑表面应优先选用溶剂悬浮湿式显像剂;粗糙表面应优先选用干式显像剂;其他表面应优先选用溶剂悬浮湿式显像剂,然后是干式显像剂,最后考虑水悬浮或水溶解湿式显像剂。

采用着色渗透剂时:任何表面状态,都应优先选用溶剂悬浮湿式显像剂,然后是水悬浮湿式显像剂。

注意:水溶解湿式显像剂不适用于着色渗透检测剂系统和水洗型渗透检测体系。

## 第八节　观察和评定

### 一、观察时机

观察显示应在干粉显像剂施加后或者湿式显像剂干燥后开始,在显像时间内连续进行,如显示的大小不发生变化,也可超过上述时间。对于溶剂悬浮湿式显像剂应遵照说明书的要求或实验结果进行操作。当被检工件尺寸较大无法在上述时间内完成检测时,可采取分段检测的方法;不能进行分段检测时可以适当增加时间,并使用试块进行验证。

显像 3～5 min 后,可用肉眼或借助放大镜观察所显示的图像。为发现细微缺陷,可间隔 4～5 min 观察一次,重复 2～3 次。焊缝起弧处和熄弧处易产生细微的火口裂纹,对这些易出现缺陷的部位,应特别引起注意。

### 二、观察光源

着色渗透检测时,缺陷显示的评定应在可见光下进行,显示为红色图像,通常工件被检面处可见光照度大于等于 1 000 lx;当现场采用便携式设备检测,由于条件所限无法满足时,可见光照度可适当降低,但不得低于 500 lx。

荧光渗透检测时,缺陷显示的评定应在暗室或暗处进行,显示为明亮的黄绿色图像,暗室或暗处可见光照度应不大于 20 lx,被检工件表面的辐照度应大于等于 1 000 $\mu W/cm^2$,自显像时被检工件表面的辐照度应大于等于 3 000 $\mu W/cm^2$。

便携式荧光渗透检测,其观察区域(暗室或暗处)可利用黑色帐篷、照相用黑布或其他方法,将检测时可见光背景降低到最低限水准,但黑光辐照度应符合上述要求。

辨认细小显示时可用 5～10 倍放大镜进行观察。必要时应重新进行处理、检测。

### 三、注意事项

检测人员进入暗区至少经过 5 min 的黑暗适应后,才能进行荧光渗透检测。检测人员不能佩戴对检测结果有影响的眼镜或滤光镜。

检测人员在黑光灯下发现显示后,需首先判别显示的类型:相关显示、非相关显示或伪显示。

判别方法是:用干净的布或棉球沾点酒精擦拭显示部位。如果被擦去的是真实缺陷显示,擦拭后显示能再现;若在擦拭后撒上少许显像剂粉末,可放大缺陷显示,提高细微缺陷的重现性。如果被擦去的显示不再重现,一般是伪显示。

确定是相关显示后,要进一步确定缺陷性质、长度和位置,并做好记录。按照指定的验收标准,做出合格或拒收的结论,提出检测报告。

注意:缺陷痕迹显示尺寸比缺陷实际尺寸要大。但是对于被检工件做出合格或拒收结论时,一般仍以缺陷痕迹显示尺寸为评定依据。对于缺陷性质不能确定的和缺陷尺寸怀疑超出验收标准的,须在白光下用放大镜或双目放大镜进一步观察。

渗透检测一般不能确定缺陷的深度。

荧光渗透检测人员要避免使用光敏眼镜,因为这种眼镜在紫外线辐射下会变黑,变黑程度与辐射入射量成正比,所以直接影响检测效果。荧光渗透检测时,可选用合适的红的眼镜。

暗室里检测,人员容易疲劳,所以在暗室里连续工作时间不能太长,否则影响检测灵敏度。

检测完毕,应按有关规定,对被检工件加以标记。标记的方式和位置应对被检工件无损,并避免在以后的搬运中被去除、弄脏或擦掉。当后续加工处理会除掉或覆盖渗透检测标记时,也可用其他方法标记。标记的方法有打印法、染色法、拴标签法及液体腐蚀法等。

## 第九节　后清洗及复检

完成渗透检测之后,应当去除显像剂涂层、渗透剂残留痕迹及其他污染物,这就是后清洗。后清洗的目的时为保证渗透检测后,去除任何会影响后续处理的残留物,使其不对被检工件产生损害或危害。

渗透检测完毕后,如果在工件表面上仍然残留显像剂涂层、渗透剂残留痕迹及其他污染物,则可能产生如下危害:

(1) 残留渗透剂或显像剂有可能影响后面工序的加工;

(2) 残留渗透剂或显像剂有可能影响工件的使用性能;

(3) 残留渗透剂或显像剂有可能与使用中的其他因素结合产生腐蚀等。

### 一、后清洗的操作方法

干式显像剂可粘在湿渗透剂或其他液体物质的地方,或滞留在缝隙中,可用普通的自来水冲洗,也可用无油压缩空气吹等方法去除。

水悬浮显像剂的去除比较困难。因为该类显像剂经过 80 ℃左右干燥后黏附在被检工件表面,故去除的最好方法是用加有洗涤剂的热水喷洗,有一定压力喷洗效果更好,然后用手工擦洗或用水漂洗。

水溶性显像剂用普通自来水冲洗即可去除,因为该类显像剂可溶于水中。

溶剂悬浮显像剂的去除,可先用湿毛巾擦,然后用干布擦,也可直接用清洁干布或硬毛刷擦;对于螺纹、裂纹或表面凹陷,可用加有洗涤剂的热水喷洗,超声清洗效果更好。

在后乳化型渗透检测中,如果被检工件数量很少,则用乳化剂乳化,而后用水冲洗的方法去除显像剂涂层及滞留渗透剂残留物也是有效的。

对碳钢后清洗时,水中应添加硝酸钠或铬酸钠等防锈剂,洗涤后还应用防锈油防锈。镁合金材料也容易腐蚀,后清洗时常需要使用铬酸钠溶液处理。

关于多余渗透剂的去除方法,举例如下:

蒸气去油(至少 10 min)。

溶剂浸泡(至少 15 min)。

超声溶剂清除(至少 3 min)。

某些情况下,要求先采用蒸气去油,然后用溶剂浸泡。所用时间取决于工件性质,应通过实验来确定。另外,蒸气去油应在显像剂清除后进行,否则将导致显像剂在工件表面凝结。

## 二、复检

当出现下列情况之一时,需进行复检:

(1) 检测结束后,用试块验证检测灵敏度不符合要求时;

(2) 发现检测过程中操作方法有误或技术条件改变时;

(3) 合同各方有争议或认为有必要时;

(4) 对检测结果怀疑时。

当决定进行复检时,应对被检表面进行彻底清洗。

# 思考题

1. 渗透检测前为什么要对待检测表面进行表面准备和预清洗?它们包括哪些主要内容?

2. 清除被检工件渗透检测表面污物有哪几种主要方法?各种方法应注意哪些事项?

3. 渗透检测被检工件表面的如下污物,运用哪种方法清除较为适宜:

大批量小被检工件表面的油污;

铸件表面的型砂、模料及熔渣等;

焊接件表面的飞溅、焊渣及铁屑等;

铝合金表面的油污;

锻件表面的氧化皮、积炭等;

陶瓷件表面的油污及水分;

受检工件表面的油漆及其他保护层。

4. 施加渗透剂的基本要求是什么?有哪几种施加方法?适用范围是什么?

5. 施加渗透剂时,渗透时间及温度应如何控制?

# 第八章　显示的解释与缺陷评定

## 第一节　显示的解释和分类

渗透检测中的显示是缺陷存在的反映,但并非所有的显示都是由缺陷引起的。因此,必须对显示作解释,确定这些显示产生的原因,即是否由缺陷引起。确定显示属于缺陷显示后,对缺陷的严重程度进行评定的过程称为缺陷评定。

### 一、显示的解释

渗透检测显示的解释,是通过对着色或荧光显示的观察和分析,确定肉眼所见显示是由缺陷引起,还是由工件结构等原因引起、或仅是由于表面未清洗干净而残留的渗透剂所引起。

渗透检测后,对于观察到的所有显示均应作出解释,对有疑问不能作出明确解释的显示,应擦去显像剂直接观察,或重新显像和检测,必要且可能时,应从预处理开始重新进行。

### 二、显示的分类

渗透检测显示痕迹可分为相关显示、非相关显示和伪显示三种类型。

1. 相关显示

相关显示又称缺陷痕迹显示、缺陷痕迹或缺陷显示,是指从裂纹、气孔、夹杂、折叠、分层等缺陷中渗出的渗透剂所形成的痕迹显示,由缺陷引起的,是缺陷存在的标志。

渗透检测相关显示的原因包括不连续和缺陷,不连续是工件正常组织结构或外形的任何间断。不连续可能会(也可能不会)影响工件的使用。缺陷是这样的不连续:其尺寸、形状、取向、位置或性质对工件的有效使用会造成损害或不满足验收标准要求。超标缺陷是这样的缺陷:其尺寸、形状、取向、位置或性质对工件的有效使用会造成损害且超出验收标准规定。

形成显示的原因很多,有必要评定的只是与影响工件有效使用的缺陷或不连续相关联、反映缺陷或不连续存在的显示。因此,渗透检测人员应具有丰富的工程实际经验,并能够结合工件的材料、形状和加工工艺,熟练掌握各类显示的特征、产生原因及鉴别方法,必要时还应采用其他无损检测方法进行验证,尽可能使检测评定结果准确可靠。渗透检测显示分析和解释的意义,其一是正确的显示分析和解释可以避免误判,如果把由缺陷或不连续引起的显示误判为其他显示,则会产生漏检,造成重大质量隐患;相反时,则会把合格工件拒收或报废,造成不必要的经济损失。其二是由于能反映出缺陷的位置、大小、形状和严重程度,并可大致确定缺陷的性质,可为产品的设计和工艺改进提供较可靠的信息。其三是对在用承压设备进行渗透检测时重点发现和监测疲劳裂纹和应力腐蚀裂纹等危害性缺陷,能够及早预防、避免设备和人身事故的发生。

2. 非相关显示

非相关显示又称为无关痕迹显示，是指由于工件的结构等原因所引起的，与缺陷无关的、外部因素所形成的显示，通常不能作为渗透检测评定的依据。其形成原因可以可归纳为三种情况：

(1) 加工过程中所造成的显示，例如装配压印、铆接印和电阻焊时未焊接的搭接部分等引起的显示，这类显示在一定范围内是允许存在的，甚至是不可避免的。

(2) 由工件的结构外形等所引起的显示，如键槽、花键和装配结合的缝隙等引起的显示，这类显示常发生在工件的几何不连续处。

(3) 由工件表面的外观(表面)缺陷引起的显示，包括机械损伤、划痕、刻痕、凹坑、毛刺或松散的氧化皮等，由于这些外观(表面)缺陷经目视检测可以发现，通常不是渗透检测的对象，故该类显示通常也被视为非相关显示。

非相关显示引起的原因通常可以通过肉眼目视检测来证实，故对其的解释并不难。通常将这类显示作为渗透检测质量验收的依据。表 8-1 列出了常见非相关显示的种类、位置和特征，仅供参考。

**表 8-1 渗透检测中常见的非相关显示**

| 种类 | 位置 | 特征 |
|---|---|---|
| 焊接飞溅 | 电弧焊的基体金属 | 表面上的球状物 |
| 电阻焊缝上未焊接的边缘部分 | 电阻焊缝的边缘 | 沿整个焊缝长度、渗透剂严重渗出 |
| 装配压痕 | 压配合处 | 压配合轮廓 |
| 铆接印 | 铆接处 | 锤击印 |
| 刻痕、凹坑、划伤 | 各种工件 | 目视可见 |
| 毛刺 | 机加工工件 | 目视可见 |

3. 伪显示

伪显示是由于渗透剂污染等所引起的渗透剂显示，往往因不当的方法或处理产生，或称为操作不当引起。它不是由缺陷引起的，也不是由工件结构或外形等原因所引起的，但有可能被错误地认为是由缺陷引起的，故也称为虚假显示。产生伪显示的常见原因包括：

(1) 操作者手上的渗透剂污染；

(2) 检测工作台上的渗透剂污染；

(3) 显像剂受到渗透剂的污染；

(4) 清洗时渗透剂飞溅到干净的工件上；

(5) 擦布或棉花纤维上的渗透剂污染；

(6) 工件筐、吊具上残存的渗透剂与清洗干净的工件接触造成的污染；

(7) 工件上缺陷处渗出的渗透剂污染了临近的工件等。

渗透检测时，由于工件表面粗糙、焊缝表面凹凸、清洗不足等原因而产生的局部过度背景也属于伪显示,它容易掩盖相关显示。从显示特征上分析,伪显示能够很容易识别。若用沾湿少量清洗剂的棉布擦拭这类显示,很容易擦掉,且不重新显示。

渗透检测时,应尽量避免引起伪显示。一般应注意,渗透检测操作者的手应保持干净,应无渗透剂污染;工件筐、吊具和工作台应始终保持洁净;应使用干净不脱毛的无绒布擦洗工件;荧光渗透时应在黑光灯下清洗等。

注意:缺陷痕迹显示尺寸比缺陷实际尺寸要大。但是对被检工件做出合格或拒收结论时,一般仍以缺陷痕迹显示尺寸为评定依据。

4. 不同显示的区别

虽然相关显示、非相关显示、伪显示都是痕迹显示,但区别在于:相关显示和非相关显示均是由某种缺陷或工件结构等原因引起的、由渗透剂回渗形成的显示,而伪显示不是。相关显示影响工件上使用性能,需要进行评定;而非相关显示和伪显示都不影响工件的使用性能,故不需要进行评定。

5. 相关显示的鉴别方法

渗透检测相关显示的鉴别应根据痕迹的特征、产生部位、加工工艺等因素综合进行分析和鉴别。不同生产加工工艺产生的缺陷类型见表 8-2 所示,不同类型缺陷的显示特征见表 8-3 所示。

**表 8-2 不同生产加工工艺产生的缺陷类型**

| 生产加工工艺 | 缺陷类型 |
|---|---|
| 焊接 | 裂纹、气孔、夹杂(渣)、未熔合、未焊透 |
| 铸造 | 裂纹、疏松、冷隔、缩孔 |
| 热处理 | 裂纹 |
| 机械加工 | 磨削裂纹 |
| 锻造 | 裂纹、折叠、氧化皮 |

**表 8-3 不同类型缺陷的显示特征**

| 缺陷类型 | 显示特征 |
|---|---|
| 裂纹 | 一般呈线状显示 |
| 气孔 | 一般呈圆形或椭圆形显示 |
| 夹杂(渣) | 一般呈月牙状 |
| 折叠 | 一般呈圆形或椭圆形显示 |
| 冷隔、疏松、氧化皮 | 一般呈块状显示 |

## 第二节 缺陷的评定

缺陷评定是对观察到的渗透相关显示进行分析,确定产生这种显示的原因及其分类过程。

缺陷显示的分类一般是根据其形状、尺寸和分布状况进行的。渗透检测的质量验收标准不同,对缺陷显示的分类也不尽相同。实际工作中,通常应根据受检工件所使用的渗透检测质量验收标准进行具体分类。

## 一、缺陷显示的分类

1. 按缺陷显示的类型分类

依据缺陷显示的图形来对缺陷进行评定,通常是困难的。所以,渗透检测标准等对缺陷迹痕显示进行等级分类时,一般将其分为线状缺陷显示、圆形缺陷显示和分散状缺陷显示等类型。

对于承压类特种设备的渗透检测而言,通常将缺陷迹痕分为线性、圆形、密集形、纵(横)向显示等类型。

(1) 线性缺陷显示

线性(也称为线状)缺陷显示通常是指长度($L$)与宽度($B$)之比($L/B$)大于 3 的缺陷显示。裂纹、冷隔或锻造折叠等缺陷通常产生典型的连续线性缺陷显示。

线性缺陷显示包括连续和断续线状缺陷显示两类。断续线状缺陷显示可能是排列在一条直线或曲线上的相邻很近的多个缺陷引起的,也可能是单个缺陷引起的。当工件进行磨削、喷丸、吹砂、锻造或机加工,原来表面上的连续线性缺陷部分地堵塞住了,渗透检测时也会呈现为断续的线状迹痕显示。对于这类缺陷显示,应作为一个连续的长缺陷处理,即按一条线性缺陷进行评定。

(2) 圆形缺陷显示

圆形缺陷显示通常是指长度($L$)与宽度($B$)之比($L/B$)不大于 3 的缺陷显示。即除了线性缺陷显示之外的其他缺陷显示,均属于圆形缺陷显示。圆形缺陷显示通常是由工件表面的气孔、针孔、缩孔或疏松等缺陷产生的。较深的表面裂纹在显像时能渗出大量的渗透剂,也可能在缺陷处扩散成圆形缺陷迹痕。小点状显示是由针孔、显微疏松产生的,由于这类缺陷较为细微,深度较小,故显示较弱。

(3) 密集形缺陷显示

对于在一定区域内存在多个圆形缺陷显示,通常称为密集形缺陷显示。由于采用标准不同,不同类型工件的质量验收等级要求不同,对一定区域的大小规定也不同,缺陷显示大小和数量的规定也不同。

(4) 纵(横)向缺陷显示

对于轴类、棒类等工件的缺陷显示,当其长轴方向与工件轴线或母线存在一定的夹角大于等于 30° 时,按横向缺陷显示处理,其他按纵向缺陷显示处理。

2. 按缺陷显示的形成阶段分类

按照形成缺陷的不同阶段,一般可分为原材料缺陷、工艺缺陷和使用缺陷。

(1) 原材料缺陷

原材料缺陷是金属在冶炼过程中,金属由熔化状态凝固成固态状时产生的。例如缩管、夹杂、钢锭裂纹及气泡等。钢锭开坯、变形后的产品中的缺陷,如果与钢锭中的原材料缺陷有关,尽管缺陷的形状已不再是原来的样子了,缺陷的名称也不同了,但仍然列为原材料缺陷。例如棒材上的发纹(原钢锭中的夹杂或气泡造成)、板材上的分层(原钢锭中的气泡、缩孔或夹杂造成)和钢锭中的裂纹残留在棒坯中经变形而产生的缝隙缺陷等。

(2) 工艺缺陷

工艺缺陷是零件制造的各种工艺因素有关的缺陷,这些制造工艺包括铸造、冲压、锻造、挤压、滚轧、机加工、焊接、表面处理和热处理等。工艺缺陷又称为加工缺陷,通常有下列三种情况。

一种情况是钢锭经过一定的变形加工后,在棒材、板材、丝材、管材或带材上,由于变形加工工艺上的原因而形成的工艺缺陷。这些变形加工工艺有锻造、挤压、滚轧、拉拔、冲压、弯曲等,产生的缺陷有锻造裂纹、折叠、缝隙、冲压裂纹、弯曲裂纹等。

另一种情况是焊接和锻造时产生的缺陷,例如气孔、疏松、夹杂、裂纹、冷隔、未焊透、未熔合等。

再一种情况是零件车、铣、磨等机械加工,电解腐蚀加工、化学腐蚀加工、热处理、表面处理等工艺过程中产生的缺陷,如磨削裂纹、镀铬层裂纹、淬火裂纹,金属喷裂纹涂层等。

(3) 使用缺陷

零件在使用过程中产生的缺陷,例如应力腐蚀裂纹、疲劳裂纹和磨损裂纹等。

3. 常见缺陷及特征

(1) 气孔

1) 焊接气孔

焊接气孔是一种常见缺陷,可分为外气孔(表面气孔)与内气孔,根据分别情况不同,又可分为疏散气孔、密集气孔和连续气孔等。气孔的大小差异也很大。气孔的存在对焊缝强度影响较大,它使焊缝有效面积减少,从而降低抗外载能力,特别对弯曲和冲击韧性影响较大。连续气孔是导致结构破断的原因之一。

形成气孔的根本原因是焊缝金属吸入过多的气体,在焊缝冷却时,气体在金属中溶解度下降,气体逸出后形成气泡。气泡上浮时受到金属结晶的阻碍,结果残留在金属内部而形成内气孔。或者已浮到金属表面,但受到已经凝固的熔渣的阻碍,最终残留在金属表面而形成表面气孔。

形成气孔的气体主要是氢和一氧化碳。有的是原来溶解于母材或焊条芯中的气体,但主要原因是焊接工艺方面的。例如焊件未清理干净,焊缝区有水、油、锈、油漆或气割残渣等;焊条药皮偏芯等,造成电弧不稳,保护不够;焊条受潮尤其是碱性焊条埋弧自动焊时,焊丝未很好清理,焊剂未按规定要求烘焙;焊条药皮变质剥落,钢芯锈蚀;酸性焊条烘干温度过高(超过 150 ℃),使造气剂成分变质失效,使焊缝已失去保护;采用过大的电流,使后半截焊条烧红等。

渗透检测时,表面气孔的显示呈圆形、椭圆形或长圆条形,红色色点(或黄绿色荧光亮点),并均匀地向边缘减淡。

2) 铸造气孔

铸造气孔的形成机制与焊接气孔相似。它是由于零件浇铸时,进入了气体,在铸造凝固时,气泡没有排出来,而在零件内部形成的大致为球形的缺陷。这种气孔在机加工露出表面时,渗透检测即可发现。砂型铸造时,砂型所含的水分形成蒸气,蒸气被迫进入金属液中,而在金属表面形成梨形或球形表面气孔，气孔的尖端与铸件表面相通。铝、镁合金砂型铸件表面常发现这种气孔，因这种气孔尖端与表面相通，故渗透液可渗入。

渗透检测时，铸造表面气孔的显示与焊接表面气孔的显示相似，但某些铸造气孔，渗透检测时，由于回渗现象严重，缺陷痕迹会随显像时间的延长而迅速扩展。

(2) 裂纹

1) 焊接裂纹

焊接裂纹是指在焊接过程中或焊接以后，在焊接接头区域内出现的金属局部破裂现象。焊接裂纹除了降低接头强度外，还由于裂纹端有尖锐的缺口，将引起较高的应力集中，因而使裂纹继续扩展，由此导致整个结构件的破坏。特别是承受动载荷时，这种缺陷是很危险的。因此，焊接裂纹是焊接接头中不能允许的缺陷。

焊接裂纹按其产生的部位不同，可分为纵向裂纹、横向裂纹、熔合区裂纹、根部裂纹、火口裂纹及热影响区裂纹等。按裂纹产生的温度和时间不同，可分为热裂纹和冷裂纹。

金属从结晶开始，一直到相变以前所产生的裂纹都称热裂纹。它具有晶间破坏性质，当它与外界空气相通时，表面呈氧化色彩(蓝色、蓝黑色)。热裂纹常产生在焊缝中心(纵向)，或垂直于焊缝鱼鳞波纹，呈不规则锯齿状；也有的产生在断弧的火口处，呈星状。微小的裂纹，用肉眼往往是不容易发现的。

热裂纹产生的原因通常认为是由于钢材在固相线附近有一个高温脆性区，即焊缝金属在凝固过程中，杂质富集的低熔点液相被排挤到晶界上，形成液态间层，在随后的结晶过程中，由于收缩使焊缝受拉力，这时焊缝中的液态间层便成了薄弱的拉伸变形集中地带。当拉伸变形超过了晶界间层的变形能力，又得不到新的液相补充时，便有可能沿此薄弱带形成晶间两侧晶粒冷却收缩时，也可能引起热影响区结晶裂纹。低熔点共晶物(如 FeS 或 FeP 等)的存在，能扩大高温脆性区的温度区间；焊缝有其他缺陷存在，会造成应力集中；这些因素都将促使热裂纹的形成。

冷裂纹是指在相变温度以下的冷却过程中和冷却以后出现的裂纹。这类裂纹多出现在有淬火倾向的合金钢中。一般低碳钢构件，刚性不大时不会产生这类裂纹。冷裂纹通常产生在焊缝的热影响区，有时也在焊缝金属中出现。冷裂纹的特征是穿晶开裂。冷裂纹不一定在焊接时产生，它可以延迟几小时、几天甚至更长的时间以后才发生。所以冷裂纹又称为延迟裂纹。它具有很大的危险性。

冷裂纹产生的原因：高强度钢(尤其是厚板)在焊接热循环作用下，在热影响区很容易产生马氏体组织。近焊缝区加热温度高，晶粒显著长大，塑性大大降低。焊缝金属通常含碳量低，冷却时氢在焊缝区的过饱和度大为增加，而向相邻的处于奥氏体状态的母材扩散并在此进行转变，会产生很大的应力。这样，产生冷裂纹的三个因素：淬硬组织、氢的富集、应力等同时存在，所以容易产生冷裂纹。它常产生于焊层下紧靠熔合线处，并与熔合线相平行。有时焊根处也可能产生冷裂纹，这主要是由于缺口处造成了应力集中，如果此时钢材淬火倾向较大，则可能产生冷裂纹。

渗透检测时，热裂纹显示一般略带曲折的波浪状或锯齿状红色细条线(或黄绿色细亮条状)。冷裂纹显示一般呈直线红色细条线纹(或黄绿色细亮条线)。火口处裂纹系热裂纹，呈星状，有时呈圆形显示。裂纹显示轮廓均较分明，两端尖细，中间稍宽，两端红色色泽(或黄绿色荧光)渐淡，最后消失。

2）铸造裂纹

铸造裂纹是铸造金属液在接近凝固温度时，相邻区域冷却速度不同而产生了内应力；在凝固收缩过程中，由于内应力作用而产生的一种现状缺陷。根据产生裂纹时的温度不同，铸造裂纹分热裂纹和冷裂纹。热裂纹是在搞文学产生的，出现在热应力集中区，一般比较浅，冷裂纹是在低温时产生的，一般产生在厚薄交界处。

裂纹深度和宽度比较大时，渗透检测容易发现，裂纹显示呈锯齿状和端部尖细的特点。深的裂纹显示，由于吸出的渗透液较多，而失去了裂纹的外形，有时甚至呈圆形显示。用酒精沾湿的布擦去显示部位，裂纹的外形特征可清楚地显现出来。

3）淬火裂纹

淬火裂纹是工件在热处理淬火过程中产生的裂纹，一般起源于刻槽、尖角等应力集中区。渗透检测时，通常呈红色或明亮黄绿色的细线条显示，呈线状、树枝状或网状，裂纹起源处宽度较宽，沿延伸方向逐渐变细。

4）磨削裂纹

磨削裂纹工件在磨削加工时，由于砂轮粒度不当、砂轮太钝、磨削进刀量太大、冷却条件不好或工件上碳化物偏析等原因，都可能引起磨削加工表面局部过热，在加工应力作用下而产生磨削裂纹。磨削裂纹一般比较浅微，其方向通常垂直于磨削方向，由热处理不当产生的磨削裂纹有的与磨削方向平行，并沿晶界分布或呈网状、鱼鳞状、放射状或平行线状分布。渗透检测时磨削裂纹显示呈红色断续条纹，有时呈现为红色网状条纹或黄绿色荧光亮网状条纹。

5）疲劳裂纹

疲劳裂纹工件在使用过程中，长期受到交变应力或脉动应力作用，可能在应力集中区产生疲劳裂纹。疲劳裂纹往往从工件上划伤、刻槽、陡的内凹拐角及表面缺陷处开始，开口于工件表面，其方向与受力方向垂直，中间粗，两头尖。渗透检测时，缺陷显示呈红色光滑线条或黄绿色荧光亮线条。

6）应力腐蚀裂纹

应力腐蚀裂纹是处于特定腐蚀介质中的金属材料在拉应力作用下产生的裂纹。由于工件金属材料受到外部介质(雨水、酸、碱、盐等)的化学作用产生腐蚀坑，起到缺口作用造成应力集中，成为疲劳源，进一步在交变应力作用下不断扩展，最终导致腐蚀开裂。应力腐蚀裂纹通常与拉应力方向垂直。

(3）未焊透

未焊透是指母材金属未被电弧熔化，焊接接头根部的母材金属之间未熔合在一起的缺陷。产生未焊透的部位也往往存在夹渣。未焊透能降低接头的机械性能，未焊透的缺口与尖角易产生应力集中，严重降低焊接接头的疲劳强度。

产生未焊透的原因是焊接电流太小，焊接速度太快，基体金属未得到充分熔化；坡口不正确，如坡口角度太小、钝边太大或间隙太小等。另外，当焊条角度太小或电弧偏吹，使电弧热能损失太大或偏向一方，电弧热作用较弱之处也容易产生未焊透。

渗透检测中，能发现的未焊透显示呈一条连续或断续的红色线条或黄绿色荧光亮线条，宽度一般较均匀。

(4）未熔合

未熔合是指焊缝金属和母材之间或焊缝金属与焊缝金属之间未熔合在一起的缺陷。按其所在部位，未熔合可分为坡口未熔合、层间未熔合和根部未溶合。未熔合是虚焊，实际上也是未被电弧熔化焊合而留下的空隙。与未焊透不同之处仅仅是没有熔化焊合的位置不同而已。未熔合是一种面积型缺陷，受外力作用时极易开裂，其危害性很大，因此是不允许存在的缺陷。

产生未熔合的主要原因是电流过小，焊速过快；因热量不够，使母材坡口或先焊的焊缝金属未得到充分熔化；选用的电流过大，使后半根焊条发红而造成熔化太快，在母材边缘还没有达到熔化时，焊条的熔化金属已覆盖上去；母材坡口或先焊的焊缝金属表面有厚锈、熔渣或脏物等未清除干净，焊接时未能将其熔化而盖上了熔化金属；焊件散热速度太快，或起焊处温度低，使母材的开始端未熔化，也能产生未熔合；因操作不当导致焊条角度不对或因磁偏吹，使电弧热偏向一方，电弧作用较弱之处即使覆盖上熔化金属也容易产生未熔合。

渗透检测通常无法发现层间未熔合，坡口未熔合延伸到表面时渗透检测才能发现。未熔合显示呈现为直线状或椭圆状的红色条状或黄绿色荧光亮条线。

(5) 冷隔

冷隔是铸件在浇铸时，由于浇铸温度太低，金属熔液在铸模中不能充分流动而在铸件表面形成的不熔合，呈现为紧密的、断续的或连续的线状表面缺陷。产生原因有浇注温度过低、浇注时间过长、金属液会合时已接近凝固点，以及浇注时金属流中断等。冷隔常出现在远离浇口的薄壁截面处、过渡区或其他部位。

渗透检测时，冷隔显示为连续的或断续的光滑红色线条或黄绿色荧光亮线条。

(6) 折叠

在锻造和轧制工件的过程中，由于模具太大、材料在模具中放置位置不正确，坯料太大等原因而产生的一部分金属重叠在工件表面上的缺陷，称为折叠。

折叠通常与工件表面结合紧密，渗透剂渗入比较困难。但只要是露出表面的，仍然可以发现，渗透检测缺陷显示呈连续或断续红色线条或黄绿色荧光亮线条。

(7) 缩孔和疏松

铸件在凝固结晶过程中，收缩或补缩不足所形成的不连续的形状不规则的孔洞称为缩孔。当缩孔产生于铸件内部呈多孔性组织分布时，称为疏松。经抛光或机加工后，有的能露出表面。露出工件表面的疏松，渗透检测时，能够较容易地显示出来。根据疏松形态不同，渗透检测时的缺陷显示，有的呈密集点状，有的呈密集条状，有的呈聚集块状。每个点、条、块的显示又是由无数个靠得很近的小点显示连成一片而形成的。

(8) 其他

焊接夹渣和铸造夹渣均为常见缺陷，缺陷形状多种多样，很不规则，夹渣露出表面时，渗透检测可以发现。

缝隙是滚、轧、拉制棒材时，由于金属表面存在局部凹陷，滚轧后产生的沿棒材纵长方向分布且长而直的缺陷。拉制丝材时也可能产生这种缺陷。渗透检测容易发现这种缺陷。

## 二、缺陷显示评定的要求

缺陷显示评定的要求如下：

(1) 非相关显示和伪显示不必记录和评定。

(2) 所有的显示痕迹,都应按照相关的验收标准或技术规范作出评定。

(3) 正确区分相关显示、非相关显示和伪显示。当能够确认显示是由外界因素(如切削的痕迹或其他的表面状态而造成表面的局部坑凹不平)或操作不当等因素造成时,不必进行评定;否则都应作为缺陷处理。

(4) 不允许存在可能掩盖不连续指示的大范围残存荧光或着色区。这些区域应清洗干净,并重新做检测。

## 三、缺陷显示的评定

NB/T 47013.5—2015 规定:

显示分为相关显示、非相关显示和伪显示,非相关显示和伪显示不必记录和评定。

小于 0.5 mm 的显示不计,其他任何相关显示均应作为缺陷处理,长度与宽度之比小于等于 3 的相关显示按圆形缺陷处理,其他按线性显示处理。

相关显示在长轴方向与工件(轴类或管类)轴线或母材的夹角大于或等于 30° 时,按横向缺陷处理,其他按纵向缺陷处理。

两条或两条以上线性相关显示在同一条直线上且间距不大于 2 mm 时,按一条缺陷处理,其长度为两条相关显示之和加间距。

## 四、质量分级

NB/T 47013.5—2015 规定:

不允许任何裂纹。紧固件和轴类零件不允许任何横向缺陷显示。

焊接接头的质量分级按表 8-4 进行。

**表 8-4 焊接接头的质量分级**

| 等级 | 线性缺陷 | 圆形缺陷(评定框尺寸 35 mm×100 mm) |
|---|---|---|
| Ⅰ | $l \leqslant 1.5$ | $d \leqslant 2.0$,且在评定框内不大于 1 个 |
| Ⅱ | 大于Ⅰ级 | |

注:$l$ 表示线性缺陷显示长度,mm;$d$ 表示圆形缺陷显示在任何方向上的最大尺寸,mm。

其他部件的质量分级评定见表 8-5 进行。

**表 8-5 其他部件的质量分级**

| 等级 | 线性缺陷 | 圆形缺陷(评定框尺寸 2 500 mm$^2$,其中一条矩形边的最大长度为 150 mm) |
|---|---|---|
| Ⅰ | 不允许 | $d \leqslant 2.0$,且在评定框内不大于 1 个 |
| Ⅱ | $l \leqslant 4.0$ | $d \leqslant 4.0$,且在评定框内不大于 2 个 |
| Ⅲ | $l \leqslant 6.0$ | $d \leqslant 6.0$,且在评定框内不大于 4 个 |
| Ⅳ | 大于Ⅲ级 | |

注:$l$ 表示线性缺陷显示长度,mm;$d$ 表示圆形缺陷显示在任何方向上的最大尺寸,mm。

## 五、测量和记录

1. 缺陷记录

对发现的缺陷显示,应至少记录如下信息:

(1) 被检部件或焊缝标识;

(2) 缺陷显示编号;

(3) 缺陷显示的位置;

(4) 缺陷显示的数量;

(5) 缺陷显示的类型(线性或圆形);

(6) 缺陷显示的大小(长度或直径)。

2. 缺陷记录方式

对缺陷显示迹痕进行评定后,需要将发现的缺陷形貌记录下来。缺陷记录方式一般有如下几种:

(1) 草图记录

画出工件草图,在草图上标注出缺陷的相应位置、形状和大小,并说明缺陷的性质。这是最常见的缺陷迹痕显示的记录方式。

(2) 照相记录

在适当光照条件下,用照相机直接把缺陷拍照下来。着色渗透显示在白光下拍照,最好用数码照相机,这样记录的缺陷迹痕显示图像更真实、方便。荧光渗透检测显示须在紫外线灯下拍照。拍照时,镜头上要加黄色滤光片,且采用较长的曝光时间。可采用在白光下极短时间曝光以产生工件的外形,再在不变的曝光条件下,继续在紫外线下进行曝光,这样可得到在清楚的工件背景上的缺陷迹痕显示图像的荧光显示。

(3) 录像记录

对于渗透检测过程和缺陷,也可以在适当的光照条件下,采用模拟或数字式录像机完整记录缺陷迹痕显示的形成过程和最终形貌。

(4) 可剥性塑料薄膜记录

采用溶剂蒸发后留下一层带有显示的可剥离薄膜层(或称可剥性塑料薄膜)的液体显像剂显像后,将其剥落下来,贴到玻璃板上保存起来。剥下的显像剂薄膜包含有缺陷迹痕显示图像。着色渗透检测时在白光下、荧光渗透检测时在紫外线灯下,可看见缺陷迹痕显示图像。

3. 缺陷测量

(1) 尺寸测量

线性显示:线性显示应测量显示的最大长度。

圆形显示:圆形显示应测量显示的直径,椭圆形显示应测量显示的长轴。

(2) 位置测量

以被检部件、焊缝的“参考标记”为参考测量点,测量缺陷显示相对于“参考标记”的距离,焊缝的测量如图 8-1 所示。

当被检部件、焊缝上无“参考标记”时,应选择“标识号”中的 A 或 M 为参考测量点。

当上述两条都不满足时，则选择被检部件、焊缝的其他特征点作为参考测量点。

所有采用的参考测量点应该在报告中图示注明。

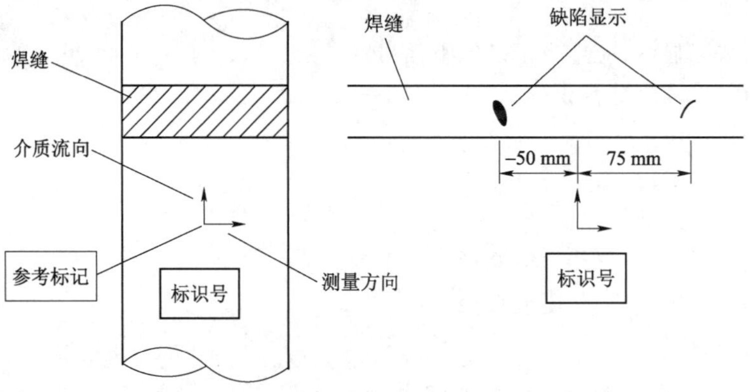


图 8-1 环焊缝缺陷显示的位置测量示意图

4. 不可达区域的记录

应记录不可达区域的具体位置和范围，并注明不可达原因。

草图或拍照对缺陷显示和不可达区域，可选用草图或拍照等方式进行记录，并加注文字描述说明。在拍照记录时应在显示处放置量尺，确保在放大或缩小照片时，能准确定量缺陷显示的大小。

## 第三节 现场记录单

每一次现场检测活动都必须留有客观的检测证据，即现场记录单，并作为存档内容之一。现场记录单要求及时填写、字迹清楚，对检测结果客观和公正。

现场记录应至少记录如下信息：

(1) 检测设备：渗透检测剂名称和牌号；

(2) 检测规范：检测灵敏度校验、试块名称，预清洗方法、渗透剂施加方法、乳化剂施加方法、去除方法、干燥方法、显像剂施加方法、观察方法和后清洗方法，渗透温度、渗透时间、乳化时间、水压及水温、干燥温度和时间、显像时间；

(3) 相关显示记录及工件草图(或示意图)；

(4) 记录人员和复核人员签字。

## 第四节 检测报告

现场检测活动结束后，应在规定的时间内(通常 3 天内)完成检测报告的编写工作，并按文件流程完成相应的校对、审核和批准工作。

渗透检测报告应至少包括下列内容：

(1) 委托单位；

(2) 被检工艺规程版次、编号；

(3) 检测比例、检测标准名称和质量等级；

(4) 检测人员和审核人员签字及其资格；

(5) 报告签发日期。

现在多数渗透检测报告中还加入如下内容：

(1) 渗透检测材料名称、牌号、批号等；

(2) 检测工艺，如检测范围、预清洗方法、渗透剂施加方法、显像剂施加方法、去除方法、干燥方法、观察方法、表面温度、渗透时间、显像时间等；

(3) 渗透检测显示记录及照片或草图等；

(4) 检测结果。

## 思考题

1. 渗透检测时，迹痕显示分为哪几类，其分别是怎样形成的？

2. 渗透检测时，缺陷迹痕显示分成哪几类，其各自是如何形成的？

3. 渗透检测时，缺陷显示迹痕有哪些记录方式？

4. 什么叫热裂纹、冷裂纹，它们各有何特征，渗透检测时，热裂纹及冷裂纹迹痕显示各有何特征？

5. 什么叫未熔合，它分成几类，渗透检测时，未熔合迹痕显示有何特征？

6. 渗透检测的现场记录单应记录哪些内容？

7. 渗透检测的报告单应记录哪些内容？

# 第九章　质量控制与安全防护

渗透检测是检查表面开口缺陷的一种无损检测方法，被大量用于工件、部件、产品或材料质量的检测。渗透检测本身的工作质量的可靠性，在一定程度上决定了产品的安全使用的可靠性，即渗透检测体系的可靠性是保证产品安全使用的重要条件之一。很显然，如果渗透检测体系本身不可靠，产品有缺陷甚至有危险缺陷，虽然经过渗透检测，也可能发现不了。这样，渗透检测工作本身就失去其意义，更为严重的是，产品的安全使用可靠性就无保障，就可能在使用过程中出现失效，甚至出现破坏。

渗透检测体系包括渗透检测人员、渗透检测设备和材料、渗透检测工艺方法和渗透检测检测环境主要五个方面，简称"人""机""料""法"和"环"。渗透检测的质量管理也主要就是对这五个方面进行控制管理。

## 第一节　质量控制

### 一、渗透剂的性能校验

1. 外观检查

渗透剂外观应清澈透明，色泽鲜艳，无污物等。着色渗透剂在白光下观察应是红色。荧光渗透剂用紫外线灯照射时应发黄绿色或绿色荧光。着色荧光渗透剂在日光下观察应是红色、橙色或紫色，用紫外线灯照射时应发黄绿色、绿色或相应颜色荧光。

2. 润湿性能检查

可用脱脂棉球蘸少量渗透剂涂到清洁发亮的铝板表面，并涂抹成薄层，10 min 后观察，渗透剂膜层应不收缩，且应不形成小泡，所有渗透剂应很容易润湿铝板表面。

3. 渗透剂的含水量和容水量的测定

水洗型渗透剂用水分测定器测量含水量。使用中含水量控制在 2%(V/V)以下。在开口槽中使用的水洗型荧光渗透剂，含水量应不高于 5%(V/V)。

4. 腐蚀性检测

(1) 中温腐蚀性检测

用镁合金 MB-2、ZM-5、铝合金 LC-4、铬钼结构钢 30 GrMoA 按 100 mm×10 mm×4 mm 的规格加工成试样，放入渗透剂中。试样一半浸入液体，一半留在液面之上，将渗透剂置于(50±1) ℃的恒温水槽中。3 h 后，将试样从渗透剂中取出。水洗型渗透剂直接用水冲洗、干燥。后乳化型渗透剂则用乳化剂乳化后，用水冲洗、干燥。最后目视观察试样两面，不应有失光、变色和腐蚀现象。

(2) 高温腐蚀性检查

用于本试验的材料应是高温铸造合金(例如镍钴合金),试样尺寸 12 mm×12 mm×2.5 mm(>2.5 mm)。试样表面用 600#粒度的砂纸打磨以得到光滑均匀的光洁面。两块试样浸涂被检渗透剂,另外两块则不浸涂被检渗透剂。将试样放入烘箱,在(1 010±28) ℃的条件下保温(100±5)h。从烘箱中取出试样并将其冷却至室温。截取、镶嵌和抛光每一试样断面,用 200 倍的显微镜观察断面的晶间腐蚀和氧化迹象,并把浸涂有被检渗透剂和未浸涂被检渗透剂的试样进行比较,浸涂有被检渗透剂的试样,不应有更多的腐蚀、氧化痕迹。

5. 可去除性检查

用吹砂钢试片进行试验。将渗透剂涂于试片表面,或将试片浸于渗透剂中,时间 15 min,然后用压力约 0.4 MPa 的水冲洗,冲洗角 45°,水洗时间 30 s,再用热风干燥,在白光或紫外线下观察是否有余色或余光。也可与标准渗透剂和标准去除方法处理的试板相比较,看是否符合要求。如果是后乳化渗透剂,先用水预洗 5 s,然后用乳化剂乳化 5 s,再用水压约 0.4 MPa 的水冲洗 30 s,热风干燥后在白光或紫外线下观察。也可用上述比较法比较。

溶剂去除型渗透剂的去除性校验可参照上述方法进行,但用溶剂去除。

6. 渗透剂亮度的比较试验

粗略的测定方法:用两根玻璃试管,一根装上标准渗透剂,另一根装上被检测的渗透剂,密封放置 4 h 以上,然后在白光下或紫外线下比较颜色的鲜艳程度或荧光亮度,并观察渗透剂是否有分层、沉淀现象。

一般渗透检测方法标准中规定了标准对比渗透剂的制备方法是:在每批新的渗透剂和乳化剂中称取 0.5 kg,分别装在密封的玻璃容器内,注明材料批号标志,避免阳光的照射,防止温度对它的影响,以此作为标准对比渗透剂。

荧光亮度的比较测定可用紫外线照度计进行,测定方法步骤如下。

用两张干净滤纸,分别用标准荧光渗透剂和待测量的荧光渗透剂浸湿并烘干。在紫外线下比较,如两者发光强度无明显差别,则说明待测量的荧光渗透剂发光强度合格。若有明显差别,再做进一步比较试验,具体方法如下。

先用二氯甲烷分别将标准荧光渗透剂和待测量的荧光渗透剂稀释到 10%的体积分数。

再将两张 80 mm×80 mm 的滤纸分别在以上两种稀释液中浸湿,并在 85 ℃以下的烘干装置中烘干。

将紫外线照度计置于紫外线下,移动照度计得最大值;再调节紫外线灯高度使照度计读数为 250 lx。

取出紫外线照度计中的荧光板,换上浸过荧光渗透剂的滤纸,分别记下两张滤纸的读数。

两者读数之差除以浸标准突光渗透剂的滤纸读数所得的百分数,应不大于 25%。大于 25%时,荧光渗透剂应更换。

着色渗透剂的色泽与着色染料性质、所溶解的染料量有关。颜色越深,着色渗透剂对光的吸收能力越强。着色渗透剂色泽可用测定消光值来衡量。测定时选择一种液体作为标准液,进行光电比色,读取各种着色液的比色值,即消光值。

7. 灵敏度黑点试验

渗透剂的灵敏度试验用 A 型试块或 C 型试块进行。试块的一半用标准渗透剂,另一半用待测量的渗透剂,两者进行比较。荧光渗透剂还可用黑点试验法测定灵敏度。

黑点试验又叫新月试验。这种方法是测量荧光渗透剂扩展成多厚的薄膜时,在一定强度的黑光照射下,具有最大发光亮度的一种方法,这一厚度就是临界厚度。由于临界厚度以上的荧光亮度与临界厚度处相同,故常用临界厚度值来表示荧光渗透剂在黑光辐照下的发光强度。临界厚度愈小,发光强度就愈大。

黑点直径愈小,临界厚度愈小,说明荧光渗透剂的发光强度愈高。超亮的荧光渗透剂,其黑点直径可在 1 mm 以下,只有针尖那么大。

临界厚度愈小,说明荧光渗透剂扩展成薄膜时,在紫外线下被观察到的可能性愈大。从这个意义上讲,也可以说该荧光渗透剂的灵敏度高。因此,常用临界厚度或黑点直径来作为荧光渗透剂灵敏度的衡量尺度。黑点愈小,灵敏度愈高。

8. 荧光渗透剂的黑光稳定性试验

黑光稳定性试验可跟在荧光渗透剂亮度比较试验后进行,用同样的试样和仪器。

将 10 张滤纸浸入到制备好的用于测试的荧光渗透剂中,取出干燥 5 min 后,把其中 5 张滤纸试样悬挂在无强光、强热和强大空气流的地方;其余 5 张滤纸试样应暴露在稳定均匀的(在所有 5 张试样滤纸上)800 $\mu W/cm^2$ 的黑光下 1 h。曝光后,根据适用条件,按荧光渗透剂亮度比较试验规定的方法测试。暴露于黑光下的滤纸试样平均荧光亮度与未暴露于黑光下的滤纸试样的平均荧光亮度相比较,最低合格值分别为:低灵敏度荧光渗透剂 50%;中灵敏度荧光渗透剂 50%;高及超高灵敏度荧光渗透剂 70%。也可用 A 型试块进行试验,即按常规操作方法将焚光渗透剂施加在试块相邻两面,试块的一面在黑光下照射 1 h,另一面用滤纸挡住,然后测定两面荧光亮度。

9. 渗透剂的热稳定性试验渗透剂的热稳定性试验

可跟在渗透剂亮度的比较试验后采用同样的试样和仪器进行。

将 10 张滤纸浸入到制备好的用于测试的渗透剂中,取出干燥 5 min 后,将其中 5 张滤纸试样悬挂在无强光、强热和强大空气流的地方;其他的5张滤纸试样放置于干净的金属板上,装入调到(121±2)℃:空气静止的烘箱内 1 h。然后按渗透剂亮度比较试验规定的方法,交替测试5个装箱和5个未装箱试样的渗透剂的亮度。对于装箱试样,应在与金属板未接触的一面来测定。暴露于高温下的滤纸试样的平均渗透剂亮度与未暴露于高温下的滤纸试样的平均渗透剂亮度相比较,最低合格值分别为:低及中灵敏度渗透剂 60%,高及超高灵敏度渗透剂 80%。

10. 渗透剂的温度稳定性试验

是将不少于1 L 的被检渗透剂材料装在密封玻璃瓶内进行两次完整周期的温度变化,每一周期指的是将试样从室温冷却到−18 ℃,然后加温到 66 ℃,接着再冷却至室温。让试样在每一温度极值上保持至少 8 h。在温度循环完成后,让试样回到室温,然后用目视检测,渗透剂不应显示离析现象。

此外,水洗型渗透剂在经受该试验并回到室温时,容水量应不低于 5%。即在该水洗型渗透剂中加入 5%(V/V)的水,按照渗透剂容水量的试验方法试验,渗透剂不能产生凝胶、离析、混浊、凝聚或在渗透剂面上形成分层。

11. 槽液寿命试验

取 50 ml 被检渗透剂装入直径 150 mm 的耐热烧杯中,然后放人对流烘箱内,在(50±

3)℃的温度下保温 7 h,到时间后取出试样并让其冷即到室温,目视检测试样,不应显示有离析、沉淀或形成泡沫。

12. 渗透剂的储藏稳定性试验

在 16～38 ℃的温度范围内,未使用过的密封装满的渗透剂,在仓库条件下存放 1 年,性能应满足各项技术指标。

13. 渗透剂的黏度测定

渗透剂的黏度应在(38±3)℃时,按照 GB/T 265—1988《石油产品运动黏度测定法和动力黏度计算法》的规定进行测定,要求其黏度与标称值的差不超过其±10%。

14. 渗透剂的闪点测定

将在敞口的槽子或容器里使用的渗透剂,按 GB/T 261—1983《石油产品闪点测定法(闭口杯法)》的规定进行测定。一般要求,水洗型渗透剂闭口闪点应大 50 ℃;后乳化型渗透剂闭口闪点应为 60～70 ℃。

15. 持续停留时间试验

渗透剂在(20±5)℃温度条件下停留 4 h 后,进行可去除性检查应合格。

## 二、乳化剂的性能校验

1. 外观检查

着色渗透检测剂系列的乳化剂和荧光渗透检测剂系列的乳化剂,与其相应的着色渗透剂和荧光渗透剂,两者的颜色应有明显的差别。

2. 乳化性能检查

取两块吹砂钢试片先浸入适当的后乳化渗透剂中,垂直悬挂滴落 3 min 后,用冷水以相同的清洗条件清洗掉多余的渗透剂。然后,一个试片浸入测量的乳化剂中,另一个浸入标准乳化剂中,时间为 30 s,取出后垂直滴落 3 min,再用冷水以相同的条件清洗,并用压缩空气吹干;在紫外线或日光下观察荧光背景或着色背景。如果相差悬殊,则应更换乳化剂。测量的乳化剂可以是使用中的乳化剂,也可以是新购置的乳化剂。

3. 亲油性乳化剂的允许含水量

检查在亲油性乳化剂中加入 5%(V/V)的水,搅拌均匀后观察乳化剂,不应产生凝胶、离析、混浊或形成分层。加入 5%(V/V)的乳化剂,当其与相应的渗透剂配用时,渗透剂不能产生凝胶、离析、混浊、凝聚或在渗透剂面上形成分层,并且,该相应的渗透剂的去除性能应符合要求。

4. 亲水性乳化剂的容水量测定

浓缩的亲水性乳化剂的允许容水量应不低于 5%(V/V)。

5. 温度稳定性检查

亲油性乳化剂和浓缩的亲水性乳化剂,其温度稳定性检查方法与渗透剂检查方法相同。乳化剂的组分不得离析。

6. 亲油性乳化剂的槽液寿命检查

亲油性乳化剂的槽液不应出现离析、沉淀或泡沫。

7. 亲水性乳化剂的浓度

亲水性乳化剂在进行各项试验检查时，应根据制造厂推荐的方法进行稀释。

## 三、溶剂去除剂的性能校验

主要是外观检查、去除性能检查及储存稳定性检查等。

1. 外观检查

溶剂去除剂应是无色透明的油状液体，不含沉淀物。

2. 去除性能检查

取两块吹砂钢试片，在每块试片上各倒上大约 5 ml 溶剂去除型渗透剂(着色渗透剂或荧光渗透剂)，渗透剂应倒在试片中心位置，并使其在试片上流淌均匀，然后以大约 60° 的角度滴落 10 min。用清洁的不起毛的抹布擦去多余的渗透剂，然后用分别蘸有标准溶剂去除剂与受检溶剂去除剂的清洁的不起毛的抹布，分别擦拭两块施涂有渗透剂的吹砂钢试片。在黑光或白光下观察荧光背景或着色背景，与标准溶剂去除剂相比，不应遗留更多残余渗透剂，也不应在试片上留下油状残余物。如果相差悬殊，受检溶剂去除剂则不能使用。

3. 储存稳定性检查

在 15～38 ℃下储存 1 年后，进行去除性能检查，性能应不降低。

## 四、显像剂的性能校验

1. 外观检查

用于着色渗透检测的显像剂应提供一个良好的对比背景。用于突光渗透检测的显像剂，当其暴露在紫外线下时，不应比相应的标准显像剂呈现更多的荧光。

用铝合金淬火试块(A 型试块)检查时，显像剂显像能力要强，附着状态应良好。

2. 干粉显像剂的性能校验

干粉显像剂是一种颗粒极细且吸附性极强的白色粉末，不应有聚结颗粒和块状物。干粉显像剂常配合荧光渗透剂使用，因此，在紫外线下应不发荧光。

3. 湿式显像剂的性能校验

(1) 再悬浮性能检查(水悬浮显像剂、溶剂悬浮显像剂)

湿式悬浮显像剂应按照制造商的说明书进行配制并使其静置 24 h 后，轻轻地摆动，已经形成的沉淀应能很容易地再悬浮。

(2) 适用性能检查(灵敏度检查)

水悬浮显像剂和水溶性显像剂按制造厂说明书中推荐的最大的浓度配制，溶剂悬浮显像剂按制造厂说明书配制。使用相应的渗透剂及相应的工艺参数，对标准裂纹试块进行渗透检测全过程操作。标准裂纹试块表面显像剂涂层应均匀一致，与标准显像剂相比，缺陷显示应符合要求。

(3) 沉降速率(沉淀性)检查

溶剂悬浮显像剂：将显像剂搅拌到所有固体粉末呈悬浮状态，然后将 25 ml 溶剂悬浮显像剂注入 25 ml 量筒中，静置 15 min 后检查悬浮液的分层情况。此时，在全部混合液的表面下,沉淀物与无沉淀物的分界线距上表面距离应不超过 25 ml 的刻度。水悬浮显像剂:按说明书配制,并放置 24 h。按上述试验方法试验,分界面至上表面距离应不超过 12.5 ml。

4. 显像剂的可去除性检查

试板:尺寸 40 mm×50 mm,材料 lCr18Ni9 轧制表面,经汽油清洗并干燥。

干粉显像剂:将被检显像剂粉末与标准显像剂粉末分别撒喷在两块试板上,静置 5 min,用 0.2 MPa 的自来水喷洗 1 min,空气干燥,目视检测,所有显像剂应与相应的标准显像剂同样容易彻底去除。

湿式显像剂:试验方法基本同上述试验方法,试板可倾斜 45° 角,放在温度为(150±3)℃的环流烘箱内干燥 1~2 min,然后静置、水喷洗、干燥、目视检测。

## 五、渗透检测剂系统灵敏度鉴定

灵敏度鉴定,就是用当前使用的渗透检测剂系统,按规定工艺对标准试块进行处理,将检测结果(人工缺陷显示的点数、亮度或颜色深度等)与未使用过的合格渗透检测剂系统的检测结果相比较,以评定当前渗透检测剂系统的灵敏度。

1. 低灵敏度渗透检测剂系统鉴定

使用 A 型试块鉴定。将被检渗透检测剂施加到 A 型试块的半个表面上,将标准渗透检测剂施加到 A 型试块的另外半个表面上。按照渗透检测的标准操作程序,处理 3 块 A 型试块。被检渗透检测剂在 A 型试块上所显示出的痕迹,其数量和亮度应等于或超过相应标准渗透检测剂所显示的痕迹。

2. 中、高和超高灵敏度渗透检测剂系统鉴定

使用 C 型试块鉴定。将被检渗透检测剂施加到 C 型试块的半个表面上,将相应标准渗透检测剂施加到 C 型试块的另半个表面上。按照规定的实验参数处理 3 块 C 型试块。被检渗透检测剂在 C 型试块上所显示出的痕迹,其数量和亮度应等于或超过相应标准渗透检测剂所显示的痕迹。

3. 渗透检测剂系统检测表面孔穴灵敏度鉴定

渗透检测除了检测表面裂纹外,也常用于检测各种表面孔穴。利用陶器试块,即可鉴定渗透检测剂系统检测表面孔穴的灵敏度。鉴定时,在试块两面分别施加被检渗透检测剂和相应标准渗透检测剂。按照规定的停留时间及渗透检测标准操作程序处理试块。最后检查被检渗透检测剂系统在陶器试块所显示的点状痕迹,其亮度和数量应等于或超过相应标准渗透检测剂所显示的点状痕迹。

## 六、渗透检测剂的质量控制

渗透检测材料的质量,是渗透检测成败的关键,因此,必须严格控制渗透检测剂的质量,确保其性能可靠,方能保证渗透检测工作的可靠性。

1. 新购进的渗透检测剂的质量控制

渗透检测剂系统,必须采用同一家厂商提供的、同族组的产品,不同族组的产品不能混用。未经有关部门的鉴定、验收或批准的产品不准采用。当配制成分或制作方法的改变超出正常的允许值时应重新鉴定。

(1) 渗透检测剂性能鉴定

1) 渗透检测剂所用材料例如煤油、染料、氧化镁粉等的性能鉴定项目:毒性、腐蚀性、闪点、黏度、储存稳定性、氯、氟及硫含量、与液氧(LOX)或高压气态氧(GOX)的相容性。

2) 渗透剂性能鉴定项目:表面润湿、持续停留时间、颜色、荧光特性(黑光下颜色、亮度的稳定性)、允许容水量、温度稳定性、槽液寿命、可去除性。

3) 乳化剂性能鉴定项目:颜色、渗透剂污染、允许含水量、槽液寿命、温度稳定性、浓度。

4) 显像剂性能鉴定项目:干粉显像剂的松散性、荧光污染及水污染;湿显像剂的再悬浮性、沉淀性和适用性;可去除性、对比性。

5) 溶剂去除剂性能鉴定项目:清洗性(残余渗透剂、油状残余物)。

(2) 渗透检测剂性能抽查

工厂使用部门对每批渗透检测剂的性能,应在入厂时进行抽查,合格者方可使用。并抽取1 kg合格的渗透检测剂作为校验使用过程中渗透检测剂的标准样品。

渗透剂性能抽查项目:闪点、黏度、荧光亮度、可去除性、含水量、灵敏度(C型试块)。

乳化剂性能抽查项目:含水量。

显像剂性能抽查项目:干粉显像剂的松散度;湿显像剂的再悬浮性、沉淀性;可去除性。

2. 渗透检测剂在使用过程中的校验

本节所述使用过程中渗透检测材料的校验,其周期是以每工作班全负荷工作为基础确定的。实际渗透检测过程中,有时工作量不大,可以根据实际工作量,降低校验频次,延长校验周期。但每次工作之前必须校验。

(1) 渗透剂的校验

1) 渗透剂的亮度比较校验:校验周期为3个月,被测渗透剂的亮度下降到同批标准样品的85%以下时,不准使用。

2) 渗透剂的含水量测定:校验周期为3个月,不符合要求时不准使用。

3) 渗透剂的腐蚀性能校验:校验周期为6个月,不符合要求不准使用。

4) 渗透剂的可去除性校验:每天检查渗透剂,如发现有明显的沉淀或可去除性能下降,应进行可去除性校验。每天进行渗透检测系统灵敏度测定,如不符合要求,则不准使用。

5) 渗透剂的灵敏度校验:每个工作班均使用B型标准试块作渗透剂的灵敏度校验,若低于同批材料的标准样品,则不准使用。每6个月使用C型标准试块作渗透剂的灵敏度校验,若低于同批材料的标准样品,则不准使用。

(2) 乳化剂的校验

乳化剂的校验项目、周期及质量评定方法如下所述:

1) 乳化剂的外观检查:每天检查乳化剂的外观,如果发现有明显沉淀及黏度增大而引起乳化能力下降时,则不准使用。

2) 乳化剂的乳化能力和可去除性检查校验:校验周期为1个月,如果发现乳化能力下降或清洗性能不良,则不准使用。

3) 乳化剂的黑光检查:校验周期为1周,在黑光灯下观察乳化剂,如果发现乳化剂中有荧光渗透剂污染(或着色渗透剂污染)而影响使用时,则不准使用。

(3) 显像剂的校验

显像剂的校验项目、周期及质量评定方法如下所述:

1）干式显像剂的外观检查：每个工作班均需进行一次外观检查，如发现明显的荧光及凝聚现象，则不准使用。

2）干式显像剂的松散度校验：校验周期为 1 个月，如不符合要求，则不准使用。

3）湿式显像剂的荧光渗透剂（或着色渗透剂）污染或浓度校验：校验周期为 1 个月，在黑光灯（或日光）下如发现有明显的荧光渗透剂（或着色渗透剂）污染或浓度不符合要求，则不准使用。

4）溶剂悬浮或水悬浮湿式显像剂的再悬浮校验：校验周期为 1 个月，如不符合要求，则不准使用。

5）溶剂悬浮或水悬浮湿式显像剂的沉淀性（沉降速率）校验：校验周期为 1 个月，如不符合要求，则不准使用。

6）干式显像剂与湿式显像剂的显像灵敏度校验：校验周期为 1 周，使用 A 型标准试块进行试验，如发现显像能力下降或失去附着力，则不准使用。

3. NB/T 47013.5—2015 规定的质量控制要求

（1）渗透剂的质量控制要求

1）在每一批新的合格散装渗透剂中应取出 500 ml 贮藏在玻璃容器中保存起来，作为校验基准。

2）渗透剂应装在密封容器中，放在温度为 10～50 ℃的暗处保存，并应避免阳光照射。各种渗透剂的相对密度应根据制造厂说明书的规定采用相对密度计进行校验，并应保持相对密度不变。

3）散装渗透剂的浓度应根据制造厂说明书规定进行校验。校验方法是将 10 ml 待校验的渗透剂和基准渗透剂分别注入盛有 90 ml 无色煤油或其他惰性溶剂的量筒中，搅拌均匀，然后将两种试剂分别放在比色计纳式试管中进行颜色浓度的比较。如果被校验的渗透剂与基准渗透剂的颜色浓度差超过 20%时，就应作为不合格。

4）对正在使用的渗透剂进行外观检测，如发现有明显的混浊或沉淀物、变色或难以清洗，则应予以报废。

5）被检渗透剂与基准渗透剂利用试块进行性能对比试验，当被检渗透剂显示缺陷的能力低于基准渗透剂时，应予报废。

6）荧光渗透剂的荧光效率不得低于 75%。试验方法按 JB/T 7523 中的有关规定执行。

（2）显像剂的质量控制要求

1）对干式显像剂应经常进行检查，如发现粉末凝聚、显著的残留荧光或性能低下时要废弃。

2）湿式显像剂的浓度应保持在制造厂规定的工作浓度范围内，其比重应经常进行校验，校验方法是用比重计进行测定。

3）当使用的湿式显像剂出现混浊、变色或难以形成薄而均匀的显像层时，则应予以报废。

（3）渗透检测剂的氯、硫、氟含量的测定可按下述方法进行

取渗透检测剂试样 100 g，放在直径 150 mm 的表面蒸发皿中沸水浴加热 60 min，进行蒸发。如蒸发后留下的残渣超过 0.005 g，则应分析残渣中氯、硫、氟的含量。

渗透检测剂应根据承压设备的具体情况进行选择。对同一检测工件,不能混用不同类型的渗透检测剂。

(4) 其他要求

渗透检测剂应根据承压设备的具体情况进行选择。对同一检测工件,一般不应混用不同类型的渗透检测剂。

渗透检测剂必须标明生产日期和有效期,要附带产品合格证和使用说明书。

对于喷罐式渗透检测剂,其喷罐表面不得有锈蚀,喷罐不得出现泄漏。

渗透检测剂必须具有良好的检测性能,对工件无腐蚀,对人体基本无毒害作用。

对于镍基合金材料,一定量渗透检测剂蒸发后残渣中的硫元素含量的重量比不得超过1%。如有更高要求,可由供需双方另行商定。

对于奥氏体钢和钛及钛合金材料,一定量渗透检测剂蒸发后残渣中的氯、氟元素含量的重量比不得超过1%。如有更高要求,可由供需双方另行商定。

使用新的渗透检测剂、改变或替换渗透检测剂类型或操作规程时,实施检测前应用镀铬试块检测渗透检测剂系统灵敏度及操作工艺正确性。

一般情况下每周应用镀铬试块检测渗透检测剂系统灵敏度及操作工艺正确性。检测前、检测过程或检测结束认为必要时应随时检测。

## 七、渗透检测设备、仪器和试块的质量控制

1. 渗透检测工艺设备的质量控制

渗透检测工艺设备的基本要求应根据受检件的尺寸、规格、数量及形状等,制成各种类型的工艺设备,如渗透剂槽、乳化剂槽、去除剂槽、恒温热风循环烘箱或干燥装置、显像剂槽或喷粉柜等。

渗透检测工艺设备的校验渗透检测工艺设备,如预清洗槽、水洗槽和显像剂槽每半年维修一次。对空气管路的清洁度、槽液的水平面、设备清洁度应每个工作班检查一次。

应定期测定检测环境白光照度和工件表面黑光辐照度、荧光亮度。

黑光灯、黑光辐照度计、荧光亮度计和照度计等仪器应按相关规定进行定期校验。

2. 黑光灯的质量控制

(1) 黑光灯的基本要求

黑光灯的紫外线波长范围为315～400 nm,峰值为365 nm,距黑光灯滤光片380 nm处的紫外线辐照度应不低于1 000 $\mu W/cm^2$。

水槽上方设置的吊挂式防爆黑光灯的紫外线辐照度应不低于800 $\mu W/cm^2$。

检查深孔和工件内壁的缺陷,应配备深孔内壁黑光检查仪及笔式黑光灯。

黑光灯电源电压波动超过±10%时,应配备稳压器。

(2) 黑光灯的校验

黑光灯的紫外线辐照强度应每周检查一次。

紫外线灯辐照强度用紫外线辐照计或紫外线照度计测量,测量方法如下:

开启紫外线灯20 min后,将紫外线辐照计置于紫外线灯下,调节紫外线辐照计到黑光灯灯泡的距离为380 mm,读出紫外线辐照计上的读数,读数值应大于1 000 $\mu W/cm^2$。

如果用紫外线照度计测量，则照度计与灯泡相距 460 mm，其读数值应不低于 70 lx。实际使用紫外线灯时，要测量紫外线辐照的有效区。

紫外线灯使用较长时间后，输出功率将降低，如果降低 25%以上，紫外线灯则应更换。可使用紫外线照度计进行测量，方法如下。

将新紫外线灯打开 20 min 后，在暗室里将紫外线照度计置于紫外线灯一定的距离处，记下读数；紫外线灯使用一段时间之后，对同一紫外线灯在同一距离测得第二个读数。比较两次读数，如果输出功率降低 25%以上，则需更换紫外线灯。

3. 紫外线辐照计的质量控制

紫外线辐照计用以测量紫外线辐照强度，波长范围为 315～400 nm，峰值应为 365 nm。

紫外线辐照计应每年由计量部门校验一次。

4. 荧光亮度计的质量控制

荧光亮度计用于测定和比较荧光渗透剂的荧光亮度，波长范围为 430～600 nm，峰值为 500～520 nm。

荧光亮度计应每年由计量部门校验一次。

5. 白光照度计的质量控制

白光照度计用于测量白光照度，照度范围一般应不小于 1 000 lx。白光照度计应每年由计量部门校验一次。

6. 紫外线辐照计校正仪的质量控制

紫外线辐照计校正仪用于定期校正紫外线辐照计。紫外线辐照计校正仪应定期由计量部门检查其工作性能。

7. 渗透检测用标准试块的质量控制

A、B 型标准试块适用于不同的情况，应根据用途的不同选用合适的试块。标准试块的制造厂家应经上级业务主管部门的认可并经鉴定合格。

荧光渗透检测使用的标准试块不得用于着色渗透检测，反之亦然，不允许两者混用。

试块使用之后，要按所附说明书的规定进行彻底清洗，不应残留任何渗透检测剂的迹痕。清洗后，将试块放入装有丙酮和无水酒精的混合液体(体积混合比为 1:1)的密闭容器中保存，或用其他有效方法保存。

当发现试块有堵塞或灵敏度与原先比较有下降时，必须及时更换。

## 八、渗透检测工艺操作的质量控制

渗透检测工艺操作系统包括如下几部分内容：表面准备和预清洗、渗透、去除、干燥、显像、观察及评定、后清洗等。渗透检测工艺操作系统质量控制的总体要求是：每个工作班开始之前或渗透检测工艺操作条件发生变化时，用 B 型标准试块校验工艺操作系统的灵敏度，缺陷显示迹痕显示的形貌、数量、亮度及颜色深度，应与试块显示的复制品(或照片)进行对比，合格后方可进行渗透检测检测工作。试块是要反复使用的，因此，每次使用后要彻底清洗，以保证去除缺陷中的荧光渗透剂或着色渗透剂的残余。渗透检测过程中，严格执行渗透检测工艺规程。

1. 表面清理和预清洗的质量控制

所有表面准备方法不得损伤工件表面，不得堵塞表面开口缺陷。

清洗材料及清洗方法不得影响渗透检测剂的性能，且不腐蚀或损坏被检工件。

工件表面及缺陷内的油脂、铁锈等污物去除之后，工件必须进行干燥，以便排除缺陷内的有机溶剂及水分。

2. 渗透操作的质量控制

在渗透时间内，渗透剂必须将被检部位全部润湿覆盖。

工件及渗透剂的温度应保持在标准或规范规定的温度范围之间。

渗透时间应根据渗透剂的种类、被检工件材质及用途、缺陷的性质及细微程度来确定，应确保规定的渗透时间。

3. 施加乳化剂的质量控制

乳化剂要与渗透剂同族组，施加方法要适当，要确保被检表面能均匀乳化。

乳化时间取决于乳化剂的乳化能力、浓度、工件表面状态和缺陷类型等因素，要严格控制乳化时间，必须防止“过乳化”。

4. 去除表面渗透剂的质量控制

水洗型和后乳化型渗透剂的去除工件经充分渗透或乳化以后，清洗去除时，必须边清洗边观察。清洗荧光渗透剂时，在黑光灯下观察。清洗着色渗透剂时，在适当白光光照下观察。以免清洗不足或清洗过度。

溶剂去除型渗透剂的去除先用不起毛和有吸附能力的布擦去大部分渗透剂，再用不起毛、清洁、干燥、沾有有机溶剂的布擦去剩余在表面上的渗透剂。不允许直接用有机溶剂对工件喷洗。

5. 干燥操作的质量控制

用清洁、干燥和经过过滤的压缩空气吹去工件表面的水分，其压力不超过 0.15 MPa (1.5 kg/cm$^2$)，喷嘴与工件相距不小于 30 cm。

用温度不超过 80 ℃的热空气循环烘箱干燥工件。干燥时间随工件尺寸、形状及材料而定。干燥的时间应尽量短。

6. 显像操作的质量控制

施加在工件表面上的干粉显像剂，分布要均匀，显像剂层要薄。

悬浮湿式显像剂使用前要充分搅拌均匀，使显像剂粉末保持悬浮分散状态。

用喷涂法施加显像剂时，喷涂装置应与被检表面保持一定的距离(200～300 mm)，使显像剂在到达工件表面时，几乎是干的。避免过近而造成淌流或局部显像剂覆盖层过厚。

显像时间应根据渗透检测方法及缺陷的性质确定，应不少于 10 min。

7. 观察及评定操作的质量控制

荧光渗透检测检测操作黑光灯启动 10～15 min 后方可开始工作。被检部位上的紫外线辐照强度应不低于 1 000 μW/cm$^2$。可选用合适的红色眼镜。不可佩戴光敏眼镜。

检测人员进入暗室后，眼睛至少要有 5 min 的黑暗适应时间。可佩戴防紫外线的无色镜。

着色渗透检测操作必须在自然光或白光照度不少于 500 lx 的灯光下检测，并应无其他反射光。

8. 后清洗操作的质量控制

工件检测完毕，应清洗残余的渗透剂和显像剂。如果残余渗透剂和显像剂对工件随后的处理或使用有影响，例如产生腐蚀时，则清洗需更彻底。清洗后的工件应该干燥处理或进行防腐蚀处理。

9. 工件标识的质量控制

如果工件表面出现缺陷迹痕显示，可根据需要分别用照片、示意草图或复印等方法记录缺陷迹痕显示位置及形貌。

渗透检测合格的工件，按设计或工艺制造部门规定的标印方法和标印位置作出“合格”标记。不合格的工件，必须做出“不合格”的明显标记。合格工件与不合格工件应严格隔离放置。

10. 渗透检测环境条件的控制

渗透检测场地的面积大小，应根据被检工件的形状、尺寸、数量及相应形式的渗透检测生产线而定。渗透检测场地应有足够的活动空间，应设有排水沟，应有水磨石地面。

渗透检测场地内应设置抽排风装置、压缩空气管路及暖气设施。渗透检测场地内温度应不低于 15 ℃，相对湿度应不超过 50%。

静电喷涂场地墙壁应采用瓷砖砌成，地面应保持 15°～20° 的倾斜，以便排放污水。荧光渗透剂废水及其他污水处理后，应符合环境保护要求。

## 第二节 渗透检测安全防护

### 一、防火安全

渗透检测所使用的渗透检测剂，除干粉显像剂、乳化剂以及金属喷罐内使用的氟利昂气体是不燃性物质外，其他大部分是可燃性有机溶剂。因此，在使用这些可燃性渗透检测剂时，一定要和使用普通油类或有机溶剂一样，应采取必要的防火措施。

1. 储存渗透检测剂注意事项

储装渗透检测剂的容器应加盖密封。

储存地点应尽量挑选冷暗处，并且避免烟火、热风、阳光直射等。

压力喷罐严禁在高温处存放，因为在高温时，罐内的压力将增大，有发生爆炸的危险。

2. 压力喷罐制品的防火

压力喷罐内充填渗透检测剂的同时，还要充填丙烷气或氟利昂等高压液化气。渗透检测剂本身是一种可燃性物质，充填丙烷气后，着火可能性更大。所以，操作压力喷罐制品时，必须充分注意防火。

3. 灭火器的设置

使用可燃性渗透检测剂时，不仅必须充分注意防火，而且为了防止万一，还应该在操作现场及渗透检测剂储存处设置灭火器。

4. 防火安全措施

(1) 操作现场应做到文明整洁,并有切实可行的防火措施。

(2) 操作现场应备有专人管理的灭火器。

(3) 除使用的渗透检测剂外,操作现场应尽量避免大量储藏渗透检测剂。

(4) 盛装渗透检测剂的容器应加盖密封。对于清洗剂和显像剂等挥发性大的物质,使用后必须密封保管。

(5) 避免阳光直射盛装渗透检测剂的容器,特别是对压力喷罐更要注意。

(6) 避免在火焰附近以及在高温环境下操作,特别是压力喷罐。如果环境温度超过 50 ℃,应特别引起注意。操作现场禁止明火存在。

(7) 当环境温度较低时,压力喷罐内压力将降低,喷雾将减弱且不均匀。此时,可将其放入 30 ℃以下的温水中,待加热之后再使用。但绝不允许将压力喷罐直接放在火焰附近,从而达到加温的目的。

## 二、卫生安全

渗透检测中使用的多种有机溶剂。有些有机溶剂,例如三氯乙烯等对人体有毒。因此,如果将它们的蒸气或雾状气体大量吸入体内,可能会引起人体的中毒。渗透检测中,毒性试剂造成人体的中毒,以慢性中毒最多,且多属累积性毒性。另外,渗透检测剂如果沾在皮肤上,有可能引起斑疼。有些试剂,例如胶棉液,本身基本无毒,但遇明火燃烧,则可生成剧毒的氢氰酸和过氧化氮气体。因此,采取积极的卫生安全防护措施是十分必要的。

荧光渗透检测时,应限制操作人员暴露在强紫外线辐射之中,防止眼球处于黑光中导致眼球荧光效应,特别要防止黑光灯滤光片或屏蔽罩破裂,短波紫外线直接照射操作人员,使操作人员可能患角膜炎等眼病。

1. 卫生安全防护措施

(1) 在不影响渗透检测灵敏度,满足工件技术要求前提下,尽可能采用低毒配方来代替有毒和高毒的配方。

(2) 采用先进技术,改进渗透检测工艺和完善渗透检测设备,特别是增设必要的通风装置,降低毒物在操作场所空气中的浓度。

(3) 严格遵守操作规程,正确使用个人防护用品,例如口罩、防毒面具、橡皮手套、防护服和涂敷皮肤的防护膏等。

(4) 当紫外线通过三氯乙烯时,会产生有害光气。在除油过程中,注意不要让三氯乙烯滞留在工件的盲孔里或其他凹陷之处。

(5) 波长在 320 nm 以下的短波紫外线对人眼有害,所以严禁使用不带滤波片或滤波片破裂的紫外线灯。

(6) 操作现场严禁吸烟,一是为了防火安全,二是防止吸入有毒气体。

(7) 用三氯乙烯蒸气除油时,要经常向槽内添加三氯乙烯溶液,防止加热器露出液面,否则会引起过热,产生剧毒气体。

(8) 显像粉会使皮肤干燥,刺激人的气管,所以,操作者应戴橡皮手套,工作现场应有抽风装置。

(9) 工作前,操作者手上应涂防护油,最好戴上防护手套并系好围裙,可避免皮肤与渗透检测剂直接接触而污染,并防止皮肤干燥或开裂,甚至引起皮炎。

(10) 人员预检和定期体检也是重要的防护措施。预检是对新参加渗透检测的工作人员进行体检,以便及早发现不宜从事这项工作的某些健康问题。这种问题有哮喘、血液病、肝和肾的实质性疾病及精神病等。定期体检可以早期发现毒物对人体危害致病情况,早期治疗,并采取必要的预防措施。

2. 强紫外线辐射的卫生安全防护

荧光渗透检测中使用的黑光是高压黑光汞灯的光辐射中滤出的强紫外线。众所周知,紫外线会产生物理、化学及生理效应。紫外线产生的各种生理效应明显与波长有关,较短的紫外线(波长小于 320 nm)是有害的。而用于荧光渗透检测的长波紫外线(波长 320～450 nm)不太会引起晒黑或其他严重后果,例如,刺伤眼睛或引起癌症。

但是,眼球处于黑光中会导致眼球荧光效应,眼睛会被辐射刺伤,使视力变得模糊,还会产生其他不舒适感。若长期暴露在黑光下,该刺激会引起头痛,极端情况下甚至会引起恶心。然而,一般情况下,是无害的,且这种现象不是长期效应。

眼球荧光是可以避免的。主要途径是防止眼球直接接触黑光,或者将这种直接接触降低到最低限度,也可戴紫外线防护镜,这种眼镜不允许紫外线通过,只允许可见黄绿色光通过。

如果黑光灯滤光片或屏蔽罩破裂,那些小于 320 nm 波长的短波紫外线就可能泄漏出来。此时,与这些短波紫外线辐射接触的操作人员眼睛就有可能患光角膜炎及结膜炎。这种疾症类似雪盲症,开始时感到眼睛中有“沙粒”,对光过敏及流泪,可能发展到暂时性失明。这种症状通常在接触短波紫外线辐射 6～12 h 后开始出现,并延续到 6～24 h,一般 28 h 后又会消失。这种症状无累积效应。因此,黑光灯滤光片或屏蔽罩一旦破裂,灯就不得投入使用。

### 三、辐射安全

由于运行后的核电厂存在辐射,因此,运行后核电厂在役检查的渗透检测时,除以上的安全注意事项,还应根据各个电厂不同的辐射防护要求,进行辐射防护。

## 思考题

1. 简述如下渗透剂质量检查项目的方法原理及主要试验步骤:润湿性能、可去除性检查、亮度比较试验。
2. 简述应如何进行渗透剂外观检查。
3. 简述应如何进行乳化剂的外观检查和乳化性能检查。
4. 简述应如何进行显像剂的外观质量检查。
5. 简述显像剂可去除性检查的方法原理。

6. 低灵敏度渗透检测剂系统的灵敏度鉴定试验应如何进行?

7. 什么叫渗透检测体系?如何确保渗透检测体系的可靠性?

8. 简述渗透检测工艺操作系统的质量控制中所包括的主要内容。

9. 储存渗透检测剂场地应注意哪些事项?

# 第十章　核设备渗透检测应用

## 第一节　核设备渗透检测特点

核设备是指在核安全设施中使用的执行安全功能的设备,包括核安全机械设备和核安全电气设备。这些设备在制造、安装和运行期间都经常而广泛地用到渗透检测。核安全机械设备的渗透检测具有如下特点。

### 一、被检设备、部件和材料的多样性

渗透检测的主要设备和部件有容器、管道、泵体、阀体的表面,异种金属焊缝、环焊缝、支撑焊缝、接管焊缝、支管焊缝、堆焊层、密封面等,被检材料主要有低碳钢、低合金高强度钢、不锈钢和有色金属等。

渗透检测方法可检测各种非多孔性金属和非金属材料的表面开口缺陷,检测灵敏度高、检测效率高、检测结果可靠。在核设备无损检测中,渗透检测是应用最为广泛的无损检测方法之一。

(1) 渗透检测不受被检设备和部件的形状、尺寸大小和材料限制,可以有效地检测形状复杂和不同材料的设备和部件。

(2) 核设备和部件大量采用非铁磁性材料(如奥氏体不锈钢的容器、管道、阀门、支承等),使磁粉检测受到了限制。对于铁磁性材料,如果它的磁性能、尺寸、外观和缺陷位置用磁粉检测不可能达到要求的灵敏度时,采用渗透检测。

(3) 渗透检测对于表面开口缺陷的检测灵敏度高,高灵敏度的渗透检测可清晰地显示宽约 0.5 μm、深约 10 μm、长约 1 mm 的细微裂纹。能检测出常规目视检测难以发现的细微缺陷。

(4) 渗透检测的检测效率高,一次操作即可检出任何方向的缺陷。

(5) 渗透检测过程控制性强,检测较小缺陷的一致性好,检测结果显示直观肉眼可见,能准确判断显示的位置、大小、形状和种类(定位、定量和定性)。

(6) 渗透检测的局限性是该检测方法只适用于检测受检部位的表面开口缺陷,不适用于检测多孔性材料,无法准确判定缺陷深度。

### 二、核安全设备和部件的安全性、可靠性要求高

如果核安全设备和部件存在缺陷而发生故障,轻则停堆,重则放射性外溢,后果极其严重,除不良政治影响和环境污染外,在生命和财产上的损失也是非常严重的。因此核安全设备和部件的渗透检测活动必须按照相关核安全法规、导则、标准等的要求进行,并对渗透检测活动实施有效的质量监督。

(1) 从事渗透检测的人员应是根据核安全法规或行政法规的要求,经过推荐培训、考核

和资格鉴定合格的持证人员。

(2) 检测设备或器材的性能指标符合相关检测技术要求,对于国家规定强制检测鉴定的设备必须按时周期检定。

(3) 检测规程(程序)是检测过程的依据文件,是证明检测有效的保证性文件,制造商或检测单位根据相关标准或设计技术规范书编制渗透检测规程,经过验证和批准后,才是有效的检测规程。

(4) 质量监督是核设备无损检测的特点,核设备的渗透检测必须满足质量计划的要求,有关质量安全的关键步骤必须在质量监督人员见证下完成,并有见证人员签字认可,检测才是有效的。

(5) 检测数据要求真实可靠,符合归档保存的要求。这些数据需要在核设备整个寿期内保存,以便在后续的检测中参比对照。

## 三、核设备处于辐照环境中

核电厂内存在中子,γ,β,α 射线辐照。中子辐照可引起材料的脆化,辐照也能使生物细胞电离。

(1) 辐照使材料脆化即金属材料经过辐照致使脆性转变温度升高,因此,要求对那些处于高通量中子辐照下的设备进行有计划的无损检测。

(2) 辐射环境给检测本身带来接近性和安全防护的困难。在核电站运行期间的在役检查,部分区域和设备具有较高的放射性。在放射性环境下工作,必须加强检测人员的辐射防护意识和安全意识,做好辐射防护工作,加强检测人员的模拟环境培训,提高检测人员的操作技能,这样既能减少人员的辐照也能保证检测结果的可靠。例如在役检查期间,蒸汽发生器有问题的传热管如采用焊接堵管,则焊接堵管后的焊接区要求进行渗透检测,在渗透检测前检测人员要在蒸汽发生器的模拟体上进行模拟环境培训。

(3) 辐射防护包括外照射和内照射防护,防护时要特别重视内照射的防护,防止放射性物质进入人体内对人员造成长久伤害。

## 四、其他特点

(1) 工作许可证制度

核电厂在役检查期间,为了保证工作人员和电厂设备的安全,在现场渗透检测工作开始之前,必须办理和获取工作许可证,在放射性区域工作还须办理和获取辐射工作许可证,检测工作中如有打磨等动火作业,还须办理和获取动火许可证。此外,根据不同核电站的要求,在使用渗透检测剂时还应办理可燃物料携带许可证等其他证件。

(2) 核安全文化建设

核行业大力推行核安全文化建设。核安全文化是存在于单位和个人中的种种特性和态度的总和,它建立一种超出一切之上的概念,即核电厂的安全问题由于它的重要性要保证得到应有的重视。安全文化与每个人的工作态度和思维习惯,以及单位的工作作风是联系在一起的。它强调安全文化既是态度问题,又是体制问题,即和单位有关,又和个人有关。对个人而言,要求工作人员要有探索的工作态度、严谨的工作方法、互相交流的工作习惯。

（3）相关知识的培训

从事核设备渗透检测的人员需通过核能基础知识、辐射防护、质量保证和质量控制、核安全文化、核安全法律、法规和标准等相关知识的培训和考核。

（4）培训

核电厂在役检查时，检测人员进入检测现场前，除需进行相关的岗前培训和考核外，还需通过核电厂的核安全文化、工业安全、质量保证、辐射防护、应急响应、工作过程、消防、急救等相关知识的培训和考核。

（5）无损检测能力验证

在役检查规范中，已经明确提出了部分无损检测技术需要进行能力验证的要求。无损检测能力验证就是采用合适的方法，证明其检测规程、操作人员和检测设备组成的检测系统，符合相关检测技术要求，并能够达到满意的检测结果。无损检测技术的能力验证有别于无损检测人员资格鉴定。

## 第二节　核设备渗透检测通用要求

为了保证民用核安全设备渗透检测的质量和可靠性，渗透检测活动必须按照相关核安全法规、导则、标准等的要求进行，必须对影响检测结果的诸因素加以控制。如检测人员要通过培训和资格鉴定；检测用设备和材料的性能指标符合相关要求；渗透检测必须依据标准、规范的要求，按照有效的检测规程或工艺卡进行检测；检测环境和其他条件也应满足要求；对渗透检测活动实施有效的质量监督；检测记录要完整准确，确保检测过程的追索和结果再现。即从人、机、料、法、环五个方面进行控制，从而保证渗透检测的质量和可靠性。

### 一、检测人员要求

1. 视力要求

NB/T 47013.5—2015 规定：渗透检测人员的未经矫正或经矫正的近（距）视力和远（距）视力应不低于 5.0（小数记录值为 1.0），测试方法应符合 GB 11533 的规定。并一年检查一次，不得有色盲。

2. 取证要求

从事民用核安全设备无损检测活动的人员，依据《民用核安全设备无损检验人员资格管理规定》（HAF602）规定参加考核并取得资格证书后，方可从事相应方法和级别的民用核安全设备无损检测活动。

民用核安全设备无损检测Ⅰ级人员只能在Ⅱ级或Ⅲ级人员指导下从事检测工作，不能进行结果评定和出具报告。Ⅱ级和Ⅲ级人员可独立执行检测工作，从事缺陷评定、报告签发等工作。

渗透检测的成功，很大程度上依赖于渗透检测人员完成每一个工艺步骤的质量和他们对检测过程中出现的各种结果的正确判断和解释。检测人员的资格、技能、操作经验和工作责任心是确保渗透检测质量的重要因素。

渗透检测涉及技能和知识水平，以及产生可见的部件完整性指示痕迹。全神贯注地观

察和基于这些可见痕迹的判断,是确定被检件可否使用的根据。当完成一次检测时,可能会产生四种结果:

(1) 缺陷存在,可以发现该缺陷显示;

(2) 缺陷存在,并未发现该缺陷显示;

(3) 缺陷不存在,却"发现"该缺陷显示;

(4) 缺陷不存在,没有出现缺陷显示。

由此可知,渗透检测依赖人的检测技术,检测人员必须经过严格的挑选和培训。渗透检测中,管理部门对检测人员培训的忽视,会造成浪费生产资源,而且还会危及被检件的可靠性。所以渗透检测所要求的检测人员必须满足如下条件:

(1) 要有探索的工作态度、严谨的工作方法、互相交流的工作习惯;

(2) 具有良好的身体和心理素质、工作责任心和团队精神,能完成所要求的有关工艺步骤;

(3) 视力要求无色盲、色弱,未经矫正或经矫正的视力应达到 5.0 以上;

(4) 在实践操作工艺中,具有熟练的技能和丰富的经验;

(5) 对操作工艺的专注和发现缺陷指示的警觉;

(6) 能够在要求的检测水平和可靠水准上完成检测任务;

(7) 能够始终如一地、独立和公正地分析检测结果,得出正确的结论。

## 二、检测设备和材料要求

民用核安全设备渗透检测中,一般采用便携式检测设备、材料,常用检测设备和材料有渗透检测剂(渗透液、去除剂、显像剂)、试块、照度计、温度计、照明工具、量尺、放大镜、平面反光镜、数码照相机、计时器、毛刷、砂纸、棉布或吸水纸、钢丝或铜丝刷等。为保证检测结果的可靠性和有效性,要求使用经鉴定合格并在有效期内的检测设备和材料。

渗透检测使用的温度计,照度计,量尺等测量工具,其质量、量程和精确度应符合国家技术监督局(或计量局)认可的标准,经定期计量鉴定合格方能使用。

渗透检测剂应有出厂合格证书,化学分析测试报告和(或)试验报告,并通过检测带有人工缺陷的试块验证其有效性。

渗透检测试块应配备相应的合格证(或鉴定证书)和参考图片。在检测奥氏体不锈钢和钛或钛合金材料时,要求渗透检测材料中氟、氯元素的含量满足相关标准要求,在检测镍基合金材料时,要求渗透检测材料中硫元素含量满足相关标准要求。

经鉴定或校准的检测设备应持有完整的鉴定证书或校准记录,并在检测设备上进行标识。

检测使用的其他消耗品材料,不应对受检对象产生不良影响。

## 三、质量保证和文件要求

质量保证要求核安全是通过保证所有相关工作的质量来得到保障的。质量保证主要包括过程控制和文件控制两个方面。这两方面互相渗透、互为支撑。

过程控制要求检测工作的各个过程都是受控的。过程控制不是对质保人员的要求,而应该是检测人员的自觉要求。要求检测人员要关注每一个工作细节,严格遵守检测规程和有关规范的要求，并做好相关记录。

文件控制要求检测工作的重要环节、重要信息都应以文件的形式做好监控、记录，以确保检测工作的有序、检测结果的有效。文件控制主要以文件要求来体现。渗透检测的文件包括：检测规程或工艺卡、检测专用计划或检测项目清单、质量计划、原始记录、检测报告等。在应用以上文件时，要特别注意文件的有效性、文件和记录的完整性、记录的及时性、记录的客观性、技术语言的规范性。

总之，民用核安全设备的渗透检测即要注意其普遍性，又要关注其特殊性。

1. 文件要求

(1) 渗透检测规程

渗透检测通用工艺规程对渗透检测的工艺过程作出通用性规定，用于指导检测工程技术人员及实际操作人员进行渗透检测工作，处理检测结果，进行质量评定并做出合格与否的结论，从而完成渗透检测任务的技术文件。它是保证渗透检测结果的一致性和可靠性的重要措施。

(2) 渗透检测质量计划

1) 质量计划的编制

渗透检测质量计划是质量控制的重要文件，用以跟踪控制渗透检测的过程，确保渗透检测活动在可控、保质的状况下完成。检测工作开展前的初始阶段，检测单位应编写质量计划，并由质量监督人员(QC 人员)根据渗透检测的特点在质量计划上选取合适的控制点(H、W、R 点)。在渗透检测活动中质量监督人员对控制点所对应的工作内容进行监督见证。质量计划上的控制点由执行检测的人员和质量监督人员签字认可后，才能证明检测是按照规定完成了。质量计划是有效检测的证明。

渗透检测质量计划多为表格形式，主要内容包括(但不限于这些)：

① 电站(或工程)名称、设备或系统名称、质量保证等级、编号(包括主质量计划和专用质量计划)、版次等；

② 系统、部件、焊缝标识号；

③ 先决条件核实(适用文件及编号和版次、检测人员资格和授权、仪器设备和消耗材料有效性)；

④ 工作条件和被检部件标识核实(核实受检部件/焊缝标识、受检部件/焊缝的可达性、表面的光照度和温度、表面状态和清洁度等)；

⑤ 检测灵敏度的验证(用灵敏度试块验证渗透检测的灵敏度)；

⑥ 检测实施(表面清洗、干燥、施加渗透剂、除去多余渗透剂、施加显像剂、观察评定、记录、最终清除并恢复现场)；

⑦ 检测报告；

⑧ 核实质量计划填写的完整性。

2) 质量计划控制点的选取

质量计划控制点是对需要重点控制的质量特性、关键部位、薄弱环节以及主导因素等采取特殊的管理措施和方法，实行强制性管理，使工序或检测过程处于良好状态，以保证达到规定的要求。因此，在渗透检测设置质量控制点时，应对渗透检测的对象和条件进行全面的分析和比较,根据现场的实际情况及检测工序的重要性、复杂性、准确性、质量标准和要求等来设置适当的质量控制点。

渗透检测控制点的选取通常包括以下内容:

① 检测所需的文件是否齐全有效,检测人员是否合格、检测用仪器设备是否满足要求;

② 现场工作条件是否满足要求,被检部件标识是否与计划、图纸一致;

③ 检测灵敏度是否满足要求;

④ 检测实施是否符合检测规程要求(如表面清洗范围、干燥处理、渗透范围和渗透时间、除去多余渗透剂的方法、施加显像剂的方法和显像时间、观察评定、记录、最终清除等);

⑤ 检测报告是否完整、准确和有效;

⑥ 质量计划的填写是否完整。

在渗透检测质量计划中通常把先决条件核实选为 H 点,把工作条件和被检部件标识核实选为 W 点,把渗透检测灵敏度验证选为 H 点,把检测实施选为 W 点、把检测报告选为 R 点,把核实质量计划填写的完整性选为 H 点。渗透检测质量计划中各控制点的选择和分类可以根据具体情况确定。

(3) 检测专用计划和项目细化表

渗透检测专用计划通常用于核岛中核级和非核级部件的渗透检测,主要是规定具体的受检对象,如某部件具体焊缝、规格等,受检对象所在位置、状态等。在常规岛及 BOP 的渗透检测中,一般采用项目细化表的方式来明确检测对象。可以说,检测专用计划和项目细化表是核电渗透检测的基础。明确规定了受检的具体对象,是渗透检测的标靶。

## 四、渗透检测工况要求

在所有渗透检测过程中,检测前被检部件表面的准备是极为重要的。渗透检测操作的第一要求是必须让渗透液渗入开口表面的不连续中去,借此以识别这些缺陷。检测人员必须有能力在色彩本底下识别出真正的缺陷。

影响渗透液进入和渗入缺陷以及影响检测工艺的因素可以分为以下三种:

(1) 受检表面上或开口于表面的缝隙内和不连续中的污物;

(2) 表面不规则和网纹的变化诸如粗糙、刮伤或在成形工艺过程中造成的金属弄脏,或在喷丸处理、喷砂或机加工时造成的表面擦伤等;

(3) 与疲劳裂纹和外加压缩荷载下的开裂有关的裂纹闭合力。

因此,受检区域在进行渗透检测前必须使用一定方法对表面区域进行处理,以达到检测要求。一般状况下,可采用机械抛光、钢丝刷、细砂纸等方法对表面进行处理以除去覆盖在受检表面区域的铁锈、焊渣、氧化皮、结垢、焊接飞溅、油漆或表面涂层。在对表面有油漆的设备进行渗透检测前,有时也使用除漆剂来清除表面油漆。

经过机械、化学或物理方法处理过的渗透检测区域,还必须使用溶剂对表面区域进行清洗,以清除表面粉尘、油污或其他可能渗透到缺陷内部的污物。

总之,进行表面准备是渗透检测重要的工序,主要是为了尽可能的去除可能掩盖真实缺陷的任何物质,是保证渗透检测灵敏度的前提条件。

由于渗透液是一种化学溶剂,受检部位表面温度或环境温度影响渗透液的性能,因此,受检区域表面温度不可过高也不可过低,一般情况下,表面温度应在 5～50 ℃的范围内。

## 五、安全防护要求

在现场进行渗透检测前,还必须全面考虑环境条件,如:环境照明是否充足、脚手架是否完好、工作环境周围有无危险因素存在、工作现场的放射性剂量水平、周围有无交叉作业、动火作业,防护措施、器材是否充分完好,等等。为确保安全,现场渗透检测至少两人为一个检测小组,杜绝一人进行检测,以确保安全。

高空作业时,检测人员必须戴好安全带,现场使用的罐装或散装渗透材料,必须放置于可靠的容器或工作包内,以避免高空坠落、打翻等事件。

高温环境作业时,要注意防止人员烫伤和中暑,做好安全防护和监护工作。在现场使用的便携式喷罐装的渗透剂、清洗剂、显像剂等必须保存在合理环境下,以避免强光照射、温度过高引起喷罐爆炸。容器内部检测时,为避免对人员造成伤害,首先需要测量氧气含量,并保证容器内部有良好的通风环境,容器外有专人监护,防止物品(异物)遗留在容器内部。还要注意防止物品掉入孔、坑、管道内部。因为,渗透检测使用的喷罐喷头容易脱落,细碎零部件较多,容易遗留在设备内部。如设备运行时,掉入或遗留在设备内部的物品将会对设备造成损害,必须做好防异物措施。现场检测工作结束后,应清理打扫工作现场,确保无任何工作材料遗留。渗透检测时,或多或少总有渗透检测剂沾于人的皮肤和吸入人体,虽说渗透液对人体基本无毒性,为避免长期使用化学材料带来的潜在影响,在进行渗透检测时应配备必要的防护用品如乳胶手套、口罩等。在放射性区域检测时,必须遵守辐射防护相关规定,穿戴好防护用品,尽量避免和减少放射性对人体的伤害。

## 六、渗透检测工艺要求

(1) 表面准备的要求:对于影响渗透检测的表面,必须使用机械或其他方法对受检表面进行处理。

(2) 预清洗的要求:受检表面应先用清洗剂(去污剂、有机溶剂、除锈剂以及除漆剂等)清洗和脱脂,使受检表面没有可能妨碍渗透和影响判断结果的任何物质。

(3) 渗透的要求:渗透液应在清洗的表面充分干燥后施加,渗透时间的长短与受检件的材料、已通过的工序、可能发现的缺陷性质、几何形状和尺寸(大小),以及渗透液的性能等有关。受检表面必须完全被渗透液覆盖并保持湿润状态。

(4) 去除多余渗透液的要求:注意防止过度去除而使检测质量下降,同时也应注意防止去除不足而造成对缺陷显示识别困难。

(5) 显像的要求:显像剂应薄而均匀的覆盖于受检表面,显像剂涂层不能太薄,也不能太厚。显像剂涂层太薄,不能有效吸出缺陷中的渗透液,且对比度也不足;显像剂涂层太厚,会掩盖微细缺陷。

(6) 技术限制:着色渗透检测后,同一部位不应跟着进行荧光渗透检测;不允许将不同种类或不同制造商的渗透材料相互混用。

(7) 检测灵敏度的验证:在渗透检测开始之前或检测条件变化时,必须使用灵敏度试块验证检测灵敏度。

# 第三节 核用材料和制品的渗透检测

## 一、铸件的渗透检测

在核设备中使用铸件的主要部件有泵壳体、阀壳体、主回路冷却剂管道及弯头。

1. 缺陷的常见类型和显示

铸件常见缺陷有缩孔、疏松、砂眼、夹渣、气孔、铸造裂纹、冷隔、结疤、鼠尾等。铸造的部分缺陷显示示例见图 10-1 至图 10-3 所示。部分铸造的典型缺陷显示特征见表 10-1。

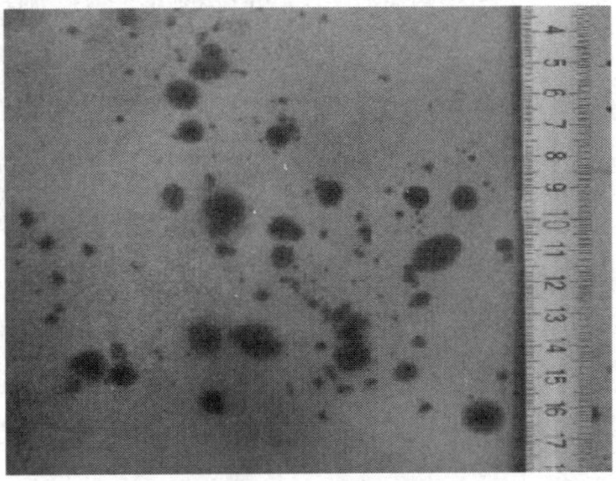

图 10-1 铸件的气孔显示

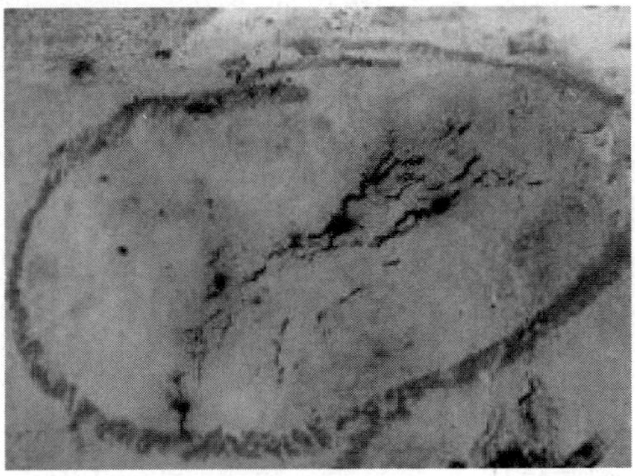

图 10-2 铸件的疏松显示

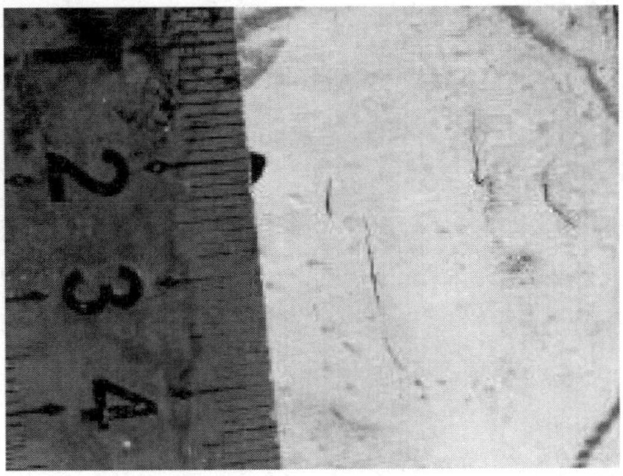

图 10-3 铸件的裂纹显示

2. 检测时机的确定

铸件一般在进行表面处理后进行。表面处理方式可采用喷砂或喷丸处理，但只适用于原铸造状态的零件。经磨削和机加工的表面粗糙度最大值为 6.3 μm，经喷丸处理的原铸造状态的粗糙度为 12.5 μm。

3. 渗透检测方法的选择

铸件表面一般粗糙，形状复杂，渗透检测时清洗困难，为此通常采用水洗型着色法。对重要铸件，如涡轮叶片、航空部件和汽车等部件，其表面经机加工比较光滑，也可采用溶剂去除型着色法。

4. 检测操作要点

(1) 预清洗

铸件检测前,必须使用水或溶剂进行充分的预清洗。

(2) 施加渗透剂

在渗透检测过程中,应保证铸件受检表面始终处于渗透液浸润的状态,应跟踪观察受检表面,及时补涂渗透液。

(3) 多余的渗透液的去除

在去除多余的渗透液时,应注意充分清洗,防止因去除不足而造成对缺陷显示识别困难,虽然清洗困难,但不能直接使用溶剂喷射受检表面,以免造成过清洗,使检测质量下降。

如采用水洗型着色法,可用水冲洗,水温一般为 10～40 ℃,水压应不超过 0.34 MPa。也可采用干净不脱毛的布蘸水擦洗。

(4) 干燥处理

对于水洗型方法,可以用清洁的吸水材料将表面吸干,也可以用循环流动热风吹干,但表面温度不得超过 50 ℃;对于溶剂去除型方法,一般采用正常蒸发、吸干、擦除以及压缩空气吹干等方法使表面干燥。

(5) 观察与评定

观察与评定时,应跟踪观察显像的过程,这样有助于缺陷的判定。

(6) 后处理

一般情况下,应先使用干布擦除受检表面的显像剂。实际经验表明,直接使用溶剂喷射在显像剂表面后进行擦除效果并不理想,在溶剂挥发后,受检表面很快会呈现显像剂的本底颜色并且较难除尽。显像剂喷涂在受检表面挥发后形成一层干燥的白色粉末,使用干的棉布较易擦除,然后用溶剂进行清洗效果较好。

## 二、锻件和板材的渗透检测

锻件是由钢锭经锻压、挤压、热轧、冷轧、爆炸成形等锻造加工后得到的,故锻件晶粒很细。

工件经锻造加工变形后,原钢锭中的内部和外部缺陷,其形态及性质均会发生变化。例如夹杂、气孔等体积型的缺陷会变得平展细长,可能形成发纹,铸钢坯内部的孔洞,可能会形成夹层,表面折皱可能形成折叠或裂纹等,故锻件中常见的缺陷主要有夹杂、分层、折叠、裂纹等;而且这些缺陷具有方向性,其方向一般与压力方向垂直而与金属流线平行。

与铸件相比,锻件表面较为光洁,去除表面多余渗透液较为容易;且由于要求锻件有更高的承载能力,则允许存在的缺陷更加紧密细小;渗透检测时,要求使用较高灵敏度的亲水后乳化型荧光渗透液,特别是重要部件,比如发动机的部件,要求使用超高灵敏度的亲水后乳化型荧光渗透液,而且,渗透时间也应适当延长。

1. 缺陷的常见类型和显示

(1) 锻件中常见缺陷

可锻金属经过锻造变形加工后,内部和表面的缺陷形态都将发生变化。例如夹杂、气孔等一类体积性缺陷将变得平展、细长,可能形成发纹;铸钢胚的中心小孔可能形成夹层;表面的褶皱可能形成折叠或裂纹等。

锻件生产中形成缺陷的环节很多，下料、加热、锻造、切边、冷却、锻后热处理、表面清理等工序中都可能产生锻造缺陷。锻件中常见缺陷主要有裂纹、夹层、折叠、白点、过烧等。由于白点不出现在表面，渗透检测一般无法发现。部分锻件的典型缺陷显示特征见表 10-1。

(2) 板材中常见缺陷

裂纹、分层、折迭、白点等。锻件裂纹显示示例见图 10-4、图 10-5 所示。

2. 检测时机的确定

锻件与板材一般在最终成型后进行渗透检测。

3. 渗透检测方法的选择

一般采用溶剂去除型着色法，也可采后乳化型荧光法。

4. 检测操作要点

锻件和板材表面光洁，在去除多余的渗透液时应严格控制操作工艺，首先使用清洁干燥的棉布擦除表面多余的渗透液，然后用少量溶剂沾湿的棉布擦拭受检表面，避免过清洗。渗透检测结束后，应用溶剂清洗去除所有残余在受检表面的渗透检测剂。

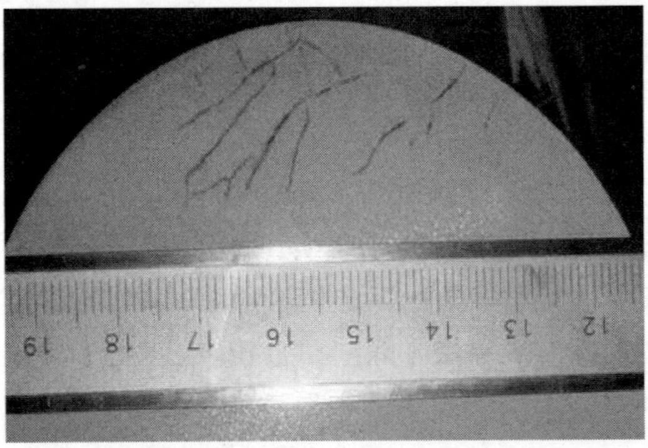

图 10-4 锻件的裂纹显示

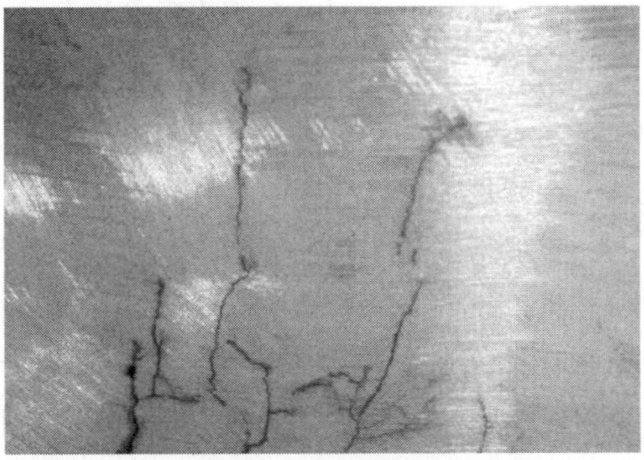

图 10-5 板材的裂纹显示

**表 10-1 部分锻件的典型缺陷显示特征**

| 缺陷显示类型 | 缺陷名称 | 显示特征 |
|---|---|---|
| 线状显示 | 铸造冷裂纹 | 多呈较规则的微弯曲的直线状，起始部位较宽，随延伸方向逐渐变细，有贯穿整个铸件，边界通常较整齐 |
| | 铸造热裂纹 | 多呈连续、半连续的曲折线状，起始部位较宽，尾端纤细；有时呈断续条状或树枝状，粗细较均匀或是参差不齐；荧光亮度或色泽取决于裂纹中渗透液容量 |
| | 锻造裂纹 | 一般呈现没有规律的线状，抹去显示，肉眼可见 |
| | 熔焊裂纹 | 呈纵向、横向线状或树枝状，多出现在焊缝及其热影响区 |
| | 淬火裂纹 | 呈线状、树枝状或网状，起始部位较宽，随延伸方向逐渐变细，显示形状清晰 |
| | 磨削裂纹 | 呈网状或辐射状和相互平行的短曲线条，其方向与磨削方向垂直 |
| | 冷作裂纹 | 呈直线状或微弯曲的线状；多发生在变形量大或张力大的部位，一般单个出现 |
| | 疲劳裂纹 | 呈线状，曲线状，随延伸方向逐渐变细。显示形状较清晰，多发生在应力集中区 |

续表

| 缺陷显示类型 | 缺陷名称 | 显示特征 |
| --- | --- | --- |
| 线状显示 | 线状疏松 | 呈各种形状的短线条，散乱分布，多成群出现在铸件的孔壁或均匀板壁上 |
| | 冷隔 | 呈较粗大的线状，两端圆秃，较光滑线状，时而出现紧密、断续或连续的线状。擦掉显示，目视可见，常出现在铸件厚薄转角处 |
| | 未焊透 | 呈线状，多出现在焊道的中间，显示一般较清晰 |
| | 未熔合 | 呈现线状或椭圆形的条状 |
| | 折叠 | 呈与表面成一定夹角的线状，一般肉眼可见，多发生在锻件的转接部位。显示有时呈断续线状 |
| | 非金属夹杂 | 呈连续或断续的线状或圆型显示，有时成群分布，显示形状较清晰，分布无规律，位置不固定 . |
| 圆形显示 | 气孔 | 显示呈圆形或椭圆形 |
| | 圆形疏松 | 多数呈长度等于或小于三倍宽度的线条，也呈圆形显示，散乱分布 |
| | 缩孔 | 呈不规则的窝坑，常出现在铸件表面上 |
| | 火口裂纹 | 由于截留大量的渗透液，也经常呈圆形显示或呈星状 |
| | 大面积缺陷 | 由于实际缺陷轮廓不规则，截留渗透液量大也有时呈圆形显示 |
| 小点状显示 | 针孔 | 呈小点状显示 |
| | 收缩空穴 | 形状呈显著的羊齿植物状或枝蔓状轮廓 |
| 弥散状显示 | 显微疏松 | 可弥散成一较大区域的微弱显示，应给予注意 |
| | 表面疏松 | 对相关部位重新检测，以排除伪显示，不可简单仓促地作出评价 |

# 第四节　焊缝的渗透检测

焊接加工技术是核安全设备结构主要采用的加工技术之一。对核安全设备而言，无论是制造焊缝、还是安装焊缝、或是投运设备上的焊缝，按各国核电国家检测规范的要求，都必须进行表面检测和/或体积检测，而对非铁磁性材料，例如奥氏体不锈钢上的焊缝，最适宜的表面检测方法是渗透检测。

焊缝的渗透检测，常用溶剂去除型着色渗透检测法或溶剂去除型荧光渗透检测法。也可采用水洗型荧光渗透检测法；当灵敏度等级符合要求时，也可采用水洗型着色渗透检测法。

## 一、焊缝的常见缺陷

1. 待焊表面的常见缺陷

待焊表面的常见缺陷：锻件有裂纹、分层、折迭等缺陷。铸件有裂纹、夹渣、气孔等缺陷。

2. 焊缝表面的常见缺陷

焊接加工技术是核安全设备结构主要采用的加工技术之一。焊接过程中，由于受各种因素影响，在焊接接头中会产生各种类型的焊接缺陷。一般焊缝中常见的缺陷有气孔、夹渣、未焊透、未熔合和裂纹等,其中露出表面的缺陷可采用渗透检测方法检测。任何缺陷对焊缝都有不同程度的危害,为了保证焊接件的质量和安全运行,必须加强对焊接件的无损检测。

核安全设备的检测规范要求对焊缝进行表面检测,尤其是一些特殊的材料,不能进行磁粉检测的焊缝,都要进行渗透检测。如铝合金、钛合金、奥氏体不锈钢和铜焊缝都要进行渗透检测。

渗透检测还被应用于现场加工的焊接构件的检测中,特别是非铁磁性材料,例如铝合金、奥氏体不锈钢、黄铜管的焊缝等,更为广泛。

(1) 焊接气孔

焊接气孔是一种常见缺陷,可分为外气孔(表面气孔)与内气孔。根据分布情况不同,又可分为疏散气孔、密集气孔和连续气孔,气孔的大小差异也很大。渗透检测时只能检出表面开口的气孔。表面气孔的显示多呈圆形,椭圆形或长圆形,显示为红色色点并均匀地向边缘减淡。

(2) 焊接裂纹

焊接裂纹是指在焊接过程中或焊接以后,在焊接接头区域出现的金属局部破裂现象。焊接裂纹按其产生的部位不同,可分为纵向裂纹、横向裂纹、熔合区裂纹、根部裂纹、火口裂纹以及热影响区裂纹等。按产生的温度和时间不同,可分为热裂纹和冷裂纹。渗透检测时,热裂纹显示一般略带曲折的波浪状或锯齿状、红色细条纹。冷裂纹显示一般呈直线红色细条纹。弧坑处裂纹呈星状,裂纹显示轮廓均较分明,两端尖细,中间稍宽。再热裂纹显示一般呈带曲折红色细条纹。

(3) 未焊透

焊件的根部间隙未被电弧熔化而留下的空隙称为未焊透。产生未焊透的部位也往往存在夹渣。渗透检测能发现露出表面的根部未焊透。能发现的未焊透显示呈一条连续或断续的红色条纹,线条宽度较均匀。

(4) 未熔合

填充金属和母材之间或填充金属层间没有熔合在一起称为未熔合。层间未熔合,渗透检测无法发现,坡口未熔合延伸到表面时渗透检测能发现,未熔合的显示呈现直线状或椭圆形的红色条状。

(5) 夹渣

夹渣是残留在焊道之间或焊道与坡口侧壁之间的熔渣。夹渣有多种形状,可能是单个的颗粒状夹渣,也可能是呈条状或线状的连续、断续的夹渣。其显示一般呈连续或断续的线状或圆型显示,有时成群分布,显示形状较清晰,分布无规律,位置不固定。

(6) 焊缝的其他缺陷

焊缝的其他缺陷有咬边、焊瘤、凹陷、烧穿等。

## 二、焊缝渗透检测工艺

1. 检测时机和范围

(1) 焊接前,对待焊区域进行渗透检测。

(2) 受检焊缝一般在焊缝充分冷却后进行渗透检测,对于有延迟裂纹倾向的材料,在环境温度中至少 24 h 以后进行渗透检测。

(3) 对焊接中需要进行层间检测的焊缝，一般在层间焊充分冷却后进行渗透检测。

(4) 焊缝检测范围为焊缝和焊缝周围的热影响区。在可达情况下应对内外两个表面都进行渗透检测，例如：制造阶段的反应堆压力容器进、出口接管与安全端连接焊缝对渗透检测；蒸汽发生器进、出口接管与安全端连接焊缝对渗透检测，以及安装时的一回路主管道渗透检测，都对焊缝的内外两个表面进行了渗透检测。

2. 表面条件的准备

表面粗糙、油漆或其他涂层的焊缝表面、锈蚀严重等情况的焊缝表面，需要采用机械方法对焊缝表面进行抛光处理。油漆或其他涂层也可采用化学方法去除。表面状况较好的焊缝，如氩弧焊、自动焊等工艺施焊的焊缝，可以使用溶剂对焊缝表面清理后进行渗透检测。

3. 渗透检测方法的选择

待焊表面或焊缝的渗透检测多在工作现场进行，常用溶剂去除型着色渗透检测法或溶剂去除型荧光渗透检测法，也可采用水洗型荧光渗透检测法。

对于焊缝表面状况较好，对检测灵敏度有较高要求，一般使用溶剂去除型着色法。

4. 焊缝的溶剂去除型着色检测流程

(1) 表面预处理

着色渗透检测前，必须借助机械方法，对焊缝表面进行清理，以除去焊渣、焊药、飞溅、氧化皮等污物；打磨焊缝时，应特别注意不要让铁屑粉末堵塞表面开口缺陷。

在污物基本清除后，应用清洗剂(如丙酮、香蕉水)清洗焊缝表面的油污，最后用压缩空气吹干。

在用焊缝的渗透检测，必须清除锈蚀和污物后才能进行。

(2) 渗透

施加渗透液时，常采用喷涂或刷涂，一般应在焊缝上反复施加 3～4 次，每次间隔 3～5 min，对小型工件，也可采用浸涂法。

(3) 去除

渗透操作完毕后，先用干净的无绒布擦去焊缝表面多余的渗透液，然后再用沾有去除剂的无绒布擦拭，擦拭时，应注意沿一个方向擦拭，不能往复擦拭。

在保证背景的前提下，应尽量缩短去除剂在焊缝上的接触时间，以免产生过清洗。清洗干净的焊缝表面应经自然风干或压缩空气吹干。

(4) 显像和观察

工件表面干燥后，即可施加显像剂，施加方法以喷涂法为最好，利用压缩空气或压力喷罐将溶剂悬浮显像粉均匀地喷洒在被检工件表面上。显像 3～5 min 后，可用肉眼或借助放大镜观察所显示的图像。为发现细微缺陷，可间隔 4～5 min 观察一次，重复 2～3 次。焊缝起弧处和熄弧处易产生细微的火口裂纹，对这些易出现缺陷的部位，应特别引起注意。

(5) 注意事项

清除多余的渗透液时，应先用溶剂润湿棉布(或纱布)，然后擦除表面多余的渗透液。

喷涂显像剂时，喷洒距离和角度应能使显像剂形成一层均匀薄膜。

观察评定，有时为更好的评定显示痕迹，应从喷洒显像剂后跟踪观察缺陷显示的形成过程。焊缝的起弧和收弧处易产生细微的弧坑裂纹，应特别予以注意。

焊缝渗透检测结束后，必须对受检表面及周围区域做彻底清洗。多层焊道的焊缝，每层焊缝渗透检测后的清洗更加重要，必须清洗干净，否则，渗透液及显像剂残留在焊缝层间表面，会使随后进行的焊接产生严重缺陷。

### 三、坡口的渗透检测

坡口的缺陷可导致焊缝形成缺陷，使整个结构质量降低，所以坡口的渗透检测尤其重要。

坡口常见缺陷是分层和裂纹，分层是轧制缺陷，分层平行于钢板表面一般分布在板厚中心附近。裂纹有两种，一种是沿分层端部开裂的裂纹，方向大多平行于板面；另一种是火焰切割裂纹，无一定方向。

由于坡口的表面比较光滑，采用溶剂去除型着色渗透检测法进行检测，可得到较高的灵敏度。由于坡口面一般比较窄，所以检测操作时对于检测剂的施加可采用刷涂法，以减少检测剂的浪费和环境污染。

### 四、焊接过程中的检测

焊接过程中的检测内容主要是清根检测和层间检测。

焊缝清根一般采用电弧气刨法或砂轮打磨法，两种方法都可能产生局部过热的情况，电弧气刨法又有可能增碳而产生裂纹，所以渗透检测时应注意清根部位。由于清根面比较光滑，可采用溶剂去除型着色渗透检测法进行检测。某些焊接性能差的钢种和厚钢板要求每焊一层检测一次，发现缺陷及时处理，保证焊缝的质量。

对于层间检测，可采用溶剂去除型着色渗透检测法，如果灵敏度满足要求，也可采用水洗型着色渗透检测法，操作时一定注意不规则的部位，不能漏掉缺陷也不能误判，造成不必要的返修。

## 第五节 核设备制造阶段的渗透检测

### 一、检测范围

设备制造过程中需做渗透检测的原材料主要有两种，一是非铁磁性材料，如奥氏体不锈钢和镍基合金，如蒸汽发生器的水室隔板、抗震条和进出水接管安全端锻件等；二是形状较为复杂，磁粉检测有困难的铁磁性材料，如支撑铸件，见图 10-6、图 10-7 所示。

图 10-6 安全端不锈钢锻件

图 10-7 蒸汽发生器支撑铸件

设备制造过程中的渗透检测主要用于奥氏体不锈钢焊缝、奥氏体不锈钢和镍基堆焊层、管子管板焊缝以及焊缝坡口和预堆焊等的检测。图 10-8 至图 10-11 是部分工件的示例。

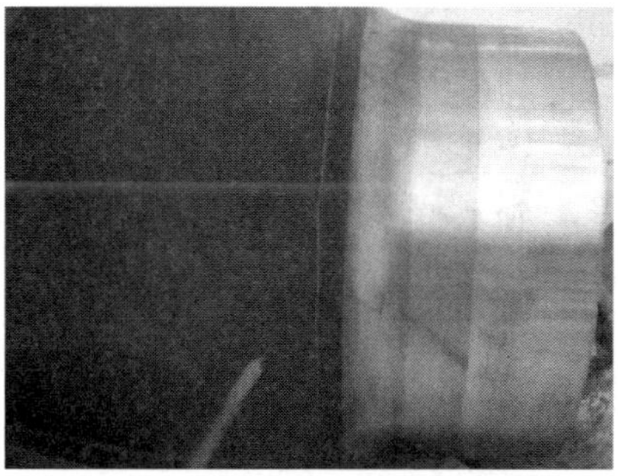

图 10-8 安全端异种钢焊缝

图 10-9 蒸汽发生器管板堆焊层图

图 10-10 蒸汽发生器管子管板焊口

图 10-11 筒体环缝坡口的渗透检测

## 二、常用的检测方法

1. 焊缝的检测方法

一般使用溶剂去除型着色法。表面粗糙的焊缝表面，需要采用机械方法对焊缝表面进行打磨或抛光预处理。表面状况较好的焊缝，如用氩弧焊、自动焊等工艺施焊的焊缝，可以不用预处理。可用丙酮或清洗剂进行预清洗。

多层焊的焊缝，每层焊缝渗透检测后的清洗特别重要，必须清洗干净，否则，渗透液及显像剂残留在焊缝层间表面，会使随后进行的焊接产生严重缺陷。

2. 堆焊层的检测方法

一般使用溶剂去除型着色法。堆焊层面积较大时应分区检测。对于筒体和封头的堆焊层，由于面积较大，也可以采用水洗型着色法。堆焊层表面一般应进行打磨或机加工的预处理，以去除表面不平整和沟槽，达到图纸规定的厚度。处理后可用丙酮或清洗剂进行预清洗。

3. 管子管板焊缝的检测方法

一般使用溶剂去除型着色法，但由于焊口数量多，如 CPR1000 蒸汽发生器共有 8 948 个焊口，所以也可以采用水洗型着色法。检测前，应先把孔口堵住，以防止渗透检测剂进入换热管。由于焊缝表面状况较好，一般不需预处理。可用丙酮或清洗剂进行预清洗。

## 三、检测时机

1. 焊缝的渗透检测时机

(1) 焊接前,对焊接坡口进行渗透检测。

(2) 焊接后,对焊缝进行渗透检测。一般应在焊缝充分冷却后进行,对于有延迟裂纹倾向的材料,至少应在焊后 24 h 以后进行渗透检测。

(3) 对需要进行层间检测的焊缝,一般在层间焊充分冷却后进行渗透检测。

2. 堆焊层的渗透检测时机

在堆焊完成及热处理后进行渗透检测。

3. 管子管板焊缝的渗透检测时机

管子管板的渗透检测应在氦检漏检测合格之后进行。

## 四、常见缺陷

1. 焊缝的常见缺陷

焊缝的常见缺陷有气孔、裂纹、未焊透、未熔合、夹渣等。

2. 堆焊层的常见缺陷

堆焊层中常见的缺陷有气孔、夹渣、未熔合、未结合和裂纹等。其中未结合是指堆焊层与母材未能熔合产生的缺陷,一般是为内部缺陷,渗透检测不能发现。但在一些堆焊层试板中,其侧面能发现未结合,其显示为一直线或略有弯曲的线条。

3. 管子管板焊缝的常见缺陷

管子管板焊缝的常见缺陷有气孔、未熔合、裂纹等缺陷。

## 五、其他部件的渗透检测

在核设备制造过程中,根据检测缺陷类型和灵敏度的要求,以及被检部件的特点,也可选用其他的渗透检测方法,如在堆内构件的制造过程中用到了荧光法渗透检测。

有时需要对一些铁磁性材料的部件进行渗透检测。如:1)铁磁性材料的筒体、封头等预堆焊表面选用渗透检测,这主要考虑磁粉检测后的剩磁可能会对堆焊产生影响。所以把磁粉检测改为渗透检测,其检测方法与锻件相同。2)铁磁性材料的焊缝坡口,这主要考虑到尺寸或形状的影响,所以把磁粉检测改为渗透检测,其检测方法与锻件、钢板或钢管相同。

# 第六节　核设备安装阶段的渗透检测

## 一、检测范围

核设备和部件安装时的焊接接头及修复区(坡口、焊接过程中及焊后)、缺陷的去除(相关修复)、热成型及冷成型部件的母材、附件(电气支架、预埋件支架等),轴瓦等。

## 二、常用的检测方法

考虑到检测灵敏度要求，以及核电站设备、部件位置的不固定，选用着色法；被检部件非批量检测，主要是局部检测，通常选用溶剂去除型着色法；考虑到其他综合因素，也可选用水洗型着色法。

## 三、检测时机

渗透检测应在喷漆、镀层、阳极化、涂层、氧化、喷丸、研磨或其他表面处理工序前进行。

磨削、机械加工、焊接和热处理等操作，如果可能产生表面缺陷，渗透检测则应在这些操作完成之后。

## 四、常见缺陷

安装中的常见缺陷主要是由磨削、机械加工、焊接和热处理等操作产生的，主要有裂纹、气孔、未焊透、未熔合、夹渣等缺陷。

## 五、核设备部件主管道焊缝的渗透检测

1. 主管道规格(CPR1000 堆型核电厂)

主管道是连接主设备的重要管道，使主设备形成封闭回路。

(1) 主管道规格见表 10-2

**表 10-2　主管道规格**

| 直径 $d$/mm | 厚度 $\delta$/mm |
|---|---|
| 828 | 66 |
| 873 | 69 |
| 924 | 68.5 |
| 924 | 68.5 |
| 967.4 | 90 |
| 976 | 95.7 |

(2) 检测方法

溶剂去除型着色法。

(3) 检测范围

待焊坡口，熔敷金属(焊缝或修复区)及周围相邻母材区各为 15 mm。

(4) 检测时机

1) 待焊坡口的渗透检测。

2) 焊接过程中的渗透检测。

① 主管道整个焊接阶段分为打底焊、15%、50%、100%。这里的百分之几是焊接的厚度与壁厚的比值；

② 打底焊外表面渗透检测；

③ 15%内外表面渗透检测;

④ 50%外表面渗透检测。

3) 满焊后焊缝表面打磨、抛光后的渗透检测。

(5) 检测注意事项

主管道异种钢焊缝对接焊渗透检测时,为了发现微细缺陷,建议增长渗透时间。检测时被检表面温度必须冷却到检测温度范围内才可进行检测。焊接过程中的渗透检测后,必须把残留的显像剂、渗透剂清洗干净,避免因残留显像剂、渗透剂在焊缝层间表面,使随后进行的焊接产生缺陷。主管道材料主要是奥氏体不锈钢,最终清洗时务必把显像剂、渗透剂清除干净,否则残留下的渗透剂中微量元素会腐蚀主管道,在压力、温度作用下产生敏化效应影响管道的使用寿命。

2. 波动管的渗透检测

波动管属于核一级设备,连接着主管道和稳压器,是反应堆冷却剂系统压力边界的重要组成部分。

(1) 波动管规格(CPR1000 堆型核电厂)

波动管规格(见表 10-3)。

**表 10-3 波动管规格**

| 直径 $d$/mm | 厚度 $\delta$/mm |
|---|---|
| 355.6 | 35.7 |
| 355.6 | 35.7 |
| 355.6 | 35.7 |
| 355.6 | 35.7 |
| 355.6 | 35.7 |

(2) 检测方法

溶剂去除型着色法。

(3) 检测范围

待焊坡口,熔敷金属(焊缝或修复区)及周围相邻母材区各为 15 mm。

(4) 检测时机

1) 待焊坡口的渗透检测。

2) 焊接过程中的渗透检测。

波动管整个焊接阶段分为打底焊、50%、100%。这里的百分之几是焊接厚度与壁厚的比值。

打底焊外表面渗透检测;

50%外表面渗透检测。

3) 满焊后焊缝表面打磨、抛光后的渗透检测。

(5) 检测注意事项

检测时被检表面温度必须冷却到检测温度范围内才可进行检测。焊接过程中的渗透检测后,必须把残留的显像剂、渗透剂清洗干净。波动管材料是奥氏体不锈钢,最终清洗时务必把显像剂、渗透剂清除干净。

3. 中子通量管

中子通量管有两部分组成导向管和指套管。导向管是堆芯中子通量测量系统内连接压力容器底封头通量管座与手动阀组件的管道，是指套管进入反应堆的通道；指套管是堆型中子通量系统中子通量探测器与驱动电缆进入堆芯的通道。它们都是反应堆冷却系统压力边界的一部分。

(1) 中子通量管规格(CPR1000 堆型核电厂)

压力容器底部贯穿件管/导向管 $\Phi$38.2×11.35 mm/$\Phi$23.6×6.7 mm；导向管/手动阀 $\Phi$32×6 mm/$\Phi$20×4.9 mm。

(2) 检测方法

溶剂去除型着色法。

(3) 检测范围

待焊坡口，熔敷金属(焊缝或修复区)及周围相邻母材区各为 15 mm。

(4) 检测时机

1) 待焊坡口的渗透检测；

2) 焊接过程中的渗透检测(中子通量管采用层间渗透检测)，每焊接一道进行渗透检测直到该道焊缝合格再施焊下一道；

3) 满焊后焊缝表面打磨、抛光后的渗透检测。

(5) 检测注意事项

检测时被检表面温度必须冷却到检测温度范围内才可进行检测。焊接过程中的渗透检测后，必须把残留的显像剂、渗透剂清洗干净。中子通量管材料是奥氏体不锈钢，最终清洗时务必把显像剂、渗透剂清除干净。

4. 轮机发电机组支承瓦和推力瓦的渗透检测

汽轮机发电机组支承瓦和推力瓦用来支承整个汽轮发电机组转子重量和限制汽轮发电机组转子轴向位移，保证汽轮机发电机组高速运转。

(1) 材质、数量

汽轮机发电机组支承瓦瓦面和推力瓦瓦面材质：锡(Sn)、铅(Pb)、锑(Sb)、铜(Cu)等组成，又称巴氏合金。

支承瓦的数量与汽轮机发电机组轴线长度有关，汽轮机发电机组轴线越长，支承瓦的数量越多。核电机组一般支承瓦至少有 8 付，固定在 8 个轴承座中，每个支承瓦分上瓦和下瓦。

(2) 检测方法

支承瓦和推力瓦都为机械加工零件，表面比较光滑，采用溶剂去除型着色法。

(3) 常见表面缺陷及显示特征

支承瓦和推力瓦常见缺陷有裂纹、脱胎、气孔。裂纹显示一般为直线状红色细线，两端尖锐。一般分布在瓦面上和轴瓦油孔周围。脱胎显示一般为直线状红色细线，宽度均匀。分布在巴氏合金与基体材料结合处瓦的四周。

气孔显示一般为圆形红色。一般分布在巴氏合金表面，巴氏合金与基体材料结合处。

5.汽轮机发电机组凝汽器管板焊缝的渗透检测

(1) 检测方法

一般使用溶剂去除型着色法,但由于焊口数量多,也可以采用水洗型着色法。由于焊缝表面状况较好,一般不需预处理。可用丙酮或清洗剂进行预清洗。

(2) 凝汽器管板焊缝的渗透检测时机

应在目视检测合格之后进行。

(3) 凝汽器管板焊缝的常见缺陷

有气孔、裂纹、未熔合等缺陷。

## 第七节 核设备役前和在役检查阶段的渗透检测

### 一、检测范围

役前和在役检查的渗透检测范围主要包括容器焊缝,管道焊缝,管嘴焊缝,接管焊缝,防泄漏密封焊缝,射线检测孔塞焊缝,支承件与容器或管道之间的连接焊缝,补焊区,零部件等。

役前检查的检测范围应包括要进行在役检查的所有部件,尽管那些部件不属于每次在役检查的取样对象。修理或更换过的部件必须重新进行役前检查。

### 二、常用的检测方法

役前和在役检查的渗透检测,通常选用溶剂去除型着色法。因为溶剂去除型着色法满足检测缺陷类型和灵敏度的要求。另外,检测在现场进行,被检对象主要是焊缝,属于局部检测;被检对象分布在核电厂不同区域很分散,而该检测方法的检测用设备携带方便。

根据检测缺陷类型和灵敏度的要求,以及被检部件的特点,也可选用其他的渗透检测方法。

### 三、检测时机

役前检查应在系统和部件水压试验后、首次装料前进行。

在役检查可安排在核反应堆停堆换料或检修期间实施。

检测实施前应核对被检物的标识和零点位置。

### 四、役前和在役检查的缺陷显示

役前和在役检查时渗透检测发现的主要缺陷有裂纹,气孔和腐蚀等。役前和在役检查时的部分缺陷显示见图10-12至图10-15所示。

### 五、缺陷处理中的渗透检测

役前和在役检查中,发现达到记录标准的缺陷显示后,一般采用数码照相或(和)示意图的方式记录缺陷显示,并以文字详细描述缺陷显示的位置、数量、大小和性质。对于超缺陷显示,应在受检区域保留缺陷显示并做好标记,画出缺陷显示的位置,同时还应在有超标缺陷显示的部件(焊缝)上挂缺陷设备标识牌。这主要为了缺陷返修时的定位。

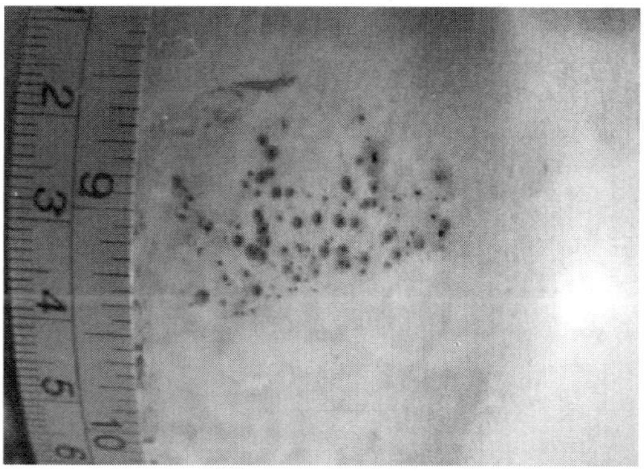

图 10-12　管道点腐蚀

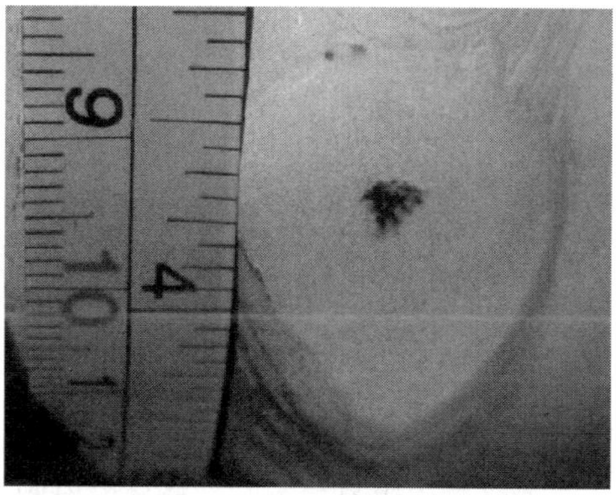

图 10-13　焊缝收弧处的裂纹

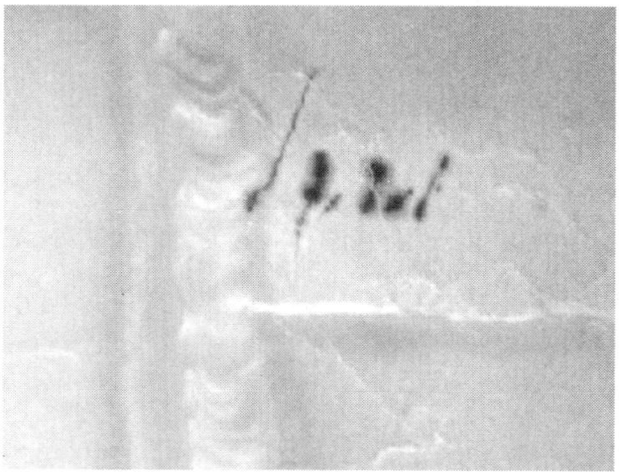

图 10-14　不锈钢板材焊缝及热影响区裂纹

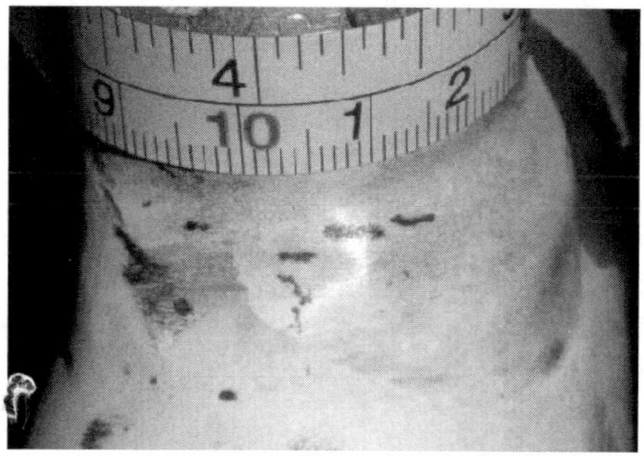

图 10-15　支管焊缝上的裂纹

对检测中发现的超过验收标准的缺陷显示，根据标准、规范，制定专门的返修程序。缺陷的处理由授权的单位和返修人员进行处理，检测人员无权处理。

检测中发现的超标缺陷显示，通常可视其严重程度的不同进行适当局部修磨(打磨)、修磨补焊或切割后重新开坡口焊接。如果超标缺陷显示经修磨后，在允许的修磨深度范围内缺陷显示消除，则不需要补焊；如果超标缺陷显示经修磨消除后，修磨深度超过允许的修磨深度范围，则需要补焊。

对于采用打磨方式处理的缺陷，每次打磨的深度不可过大，一般每次打磨深度 0.2～0.5 mm。返修人员进行一次打磨后，检测人员应对打磨区进行一次渗透检测，如发现缺陷仍然存在，则继续打磨，然后再次进行渗透检测，直至渗透检测确认缺陷已经消除。对于打磨深度超过允许的修磨深度区域，需要进行补焊。补焊区在补焊前、补焊过程中(打磨深度较深的多层焊)、补焊完成后，检测人员应在补焊区域充分冷却后对补焊区域及其热影响区进行渗透检测。对有延迟裂纹倾向的材料一般 24(或 48)小时后，还要进行一次渗透检测。如发现新的缺陷产生，重复缺陷修磨的方式，如无新缺陷产生，则可以验收。

(1) 不需要补焊的缺陷返修，分别在打磨过程中和打磨完成后进行渗透检测。

(2) 需要补焊的缺陷返修，分别在打磨过程中、打磨完成后(补焊前)补焊过程中、补焊完成后或补焊完成后的 24(或 48)小时后进行渗透检测。

(3) 检测注意事项：

1) 检测时被检表面温度必须冷却到检测温度范围内才可进行检测。

2）焊接过程中的渗透检测后，必须把残留的渗透检测剂清洗干净，避免因残留渗透检测剂在焊缝层间表面，使随后进行的焊接产生缺陷。

3）最终清洗时务必把渗透检测剂清除干净，避免影响管道的使用寿命。

# 思考题

1.简述核设备渗透检测的特点。

2.简述核设备渗透检测的通用要求。

3.简述铸件渗透检测方法选择的原则。

4.简述锻件渗透检测方法选择的原则。

5.简述轴瓦的常见表面缺陷及显示特征。

# 第十一章　渗透检测通用工艺规程和工艺卡

渗透检测工艺规程是决定渗透检测工作质量的具体过程，对渗透检测工艺的控制，主要是通过渗透检测通用工艺规程、渗透检测工艺卡等控制完成。

## 第一节　通用工艺规程

渗透检测通用工艺规程是一个单位或一个单位对一类产品关于渗透检测工作所规定的检测工作的程序、人员、设备与器材、技术、操作、条件和质量控制等要求的文件。

渗透检测通用工艺规程应按照委托单位的要求、法规、标准或技术要求，针对某一工程（或某一类产品），检测实施单位根据本单位现有设备、器材及产品结构特点等现有条件，制定的技术规范或通则。如果本单位现有条件无法满足委托单位技术要求，则应改造现有条件使之满足委托单位技术要求。

检测规程一般以文字说明为主，它应具有一定的覆盖性、通用性和可选择性。检测规程编制完成以后，应经委托单位认可。要求不同，编制出的渗透检测通用工艺规程尽管在基本结构上相同，但具体内容例如渗透检测方法、材料、设备、环境等多方面的技术要求将存在多方面的不同。

规程的编制在渗透检测前，检测单位须根据委托方的书面要求，编写相应的检测规程，经检测单位审查批准后，报委托方进行审查认可。必要时，还需要进行规程鉴定。渗透检测人员必须严格按照检测规程进行检测。渗透检测规程是检测单位根据委托方的书面要求，结合被检对象的结构特点，依据相关法规、安全技术规范、产品标准、有关的技术文件和相关检测标准要求，并针对检测单位的特点和检测能力而编制的用于指导和规范检测活动的技术文件。渗透检测规程应经过演示证明其能检出规定的最小缺陷。检测规程应履行适当的审批手续，检测规程的有效版本应及时分发给渗透检测人员。

渗透检测规程根据适用范围可分为通用检测规程和专用检测规程。渗透检测通用检测规程应涵盖本单位（制造、安装或检测单位）产品（或检测对象）的检测范围。渗透检测专用规程可只涵盖某一类产品。

### 一、通用工艺规程的基本内容

渗透检测通用工艺规程一般应包括如下的基本内容：

（1）目的（编写本规程的目的）；

（2）适用范围（规程的适用范围）；

（3）引用规范、标准和文件（文中被引用的规范、标准和文件等）；

（4）检测人员资格（检测人员的资格要求）；

（5）检测范围和区域（被检设备、部件和检测区域）；

(6) 检测时机(被检部件渗透检测的时间安排等);

(7) 检测条件(被检部件标识号、可达性、表面准备、表面温度和照明等);

(8) 检测设备和材料(检测用设备、材料要求和校验要点);

(9) 检测技术检测方法和具体的检测工艺要求(渗透检测前被检工件表面的准备方法及要求,渗透液、乳化剂、及显像剂的施加方法、清洗或去除方法、干燥方法、渗透、乳化及显像的时间和温度控制,清洗用水压、水温及水流量控制,干燥的温度和时间的要求等,还应指明后清洗的要求);

(10) 检测实施(检测实施流程);

(11) 记录和验收标准(记录要求、准则、验收合格级别等);

(12) 检测报告要求(报告内容及格式要求);

(13) 编制(级别)、审核(级别)和批准人、制定日期、版次。

## 二、渗透检测通用工艺规程基本要求

渗透检测通用工艺规程编制时,应考虑如下基本要求:

(1) 同系统要求

渗透液、乳化剂、溶剂去除剂、显像剂等渗透检测材料必须同系统。

(2) 工艺限制要求

着色渗透检测材料系统不推荐使用干粉显像剂和水溶性显像剂,着色渗透检测材料系统应采用非水湿(溶剂悬浮)显像剂。

自显像工艺应经过批准,使用专用的自显像渗透液;黑光辐照度应不低于 3 000 $\mu W/cm^2$。

关键重要零件不推荐使用着色渗透检测系统。

涡轮发动机关键零件的维修及检修,仅允许采用亲水后乳化型荧光渗透检测系统,且检测灵敏度应为高级及超高级。

允许使用高灵敏度等级的渗透液代替较低等级的渗透液;反之,则不可以。

(3) 检测灵敏度、分辨力的要求

首先必须满足检测灵敏度、分辨力要求;然后应考虑零件的受检状况(批量、表面粗糙度、几何形状);检测场所状态(水源、气源、电源);经济性要求(自动生产线、手动)等。

关于检测灵敏度、分辨力,如下几点是需要考虑的。

在各类渗透检测系统中,荧光渗透检测系统灵敏度高于着色渗透检测系统灵敏度;后乳化型荧光渗透检测系统灵敏度最高。

在各类渗透检测系统中,从显像考虑,溶剂悬浮显像剂的显像灵敏度较高,干式显像剂的显像分辨力较高。

(4) 检测可靠性要求

例如:受检工件上的缺陷显示的形貌,随着显像时间的延长,会发生变化;渗透检测重复检测时,存在的特有的堵塞现象问题等;都将影响渗透检测的检测可靠性。

## 三、渗透检测通用工艺规程的更改、偏离和报废

1. 渗透检测通用工艺规程的修订

当产品设计资料、制造加工工艺规程、技术标准等发生更改,或者发现渗透检测工艺规程本身有错漏,或渗透检测工艺方法的改进等,这都需要对渗透检测工艺规程进行更改。更改时,需要履行更改签署手续,更改工作最好由原编制和审核人员进行。

2. 渗透检测通用工艺规程的偏离

渗透检测工艺规程必须经过验证以后方可批准实施,经批准后,检测人员应严格执行工艺规程所规定的各项条款;由于渗透检测设备仪器的更换,渗透检测材料或辅助材料的代用等,使渗透检测工艺规程产生偏离时,应经验证并报技术负责人批准后方可偏离。

3. 渗透检测通用工艺规程的作废或注销

由于渗透检测工序被取代,或由其他无损检测方法取代,则原渗透检测工艺规程应予报废。渗透检测工艺规程的报废原则上由编写人员提出报废申请,技术负责人批准即可。

渗透检测规程具有为以后重新进行检测时,提供与前次检测相同的条件提供帮助,即再现检测过程,使检测结果具有一致性。

渗透检测规程也是质量监督人员的依据文件。渗透检测规程一般以文字说明为主。

## 四、规程鉴定

1. 适用范围

(1) 特定工件或焊缝金属首次进行渗透检测时,可进行规程鉴定;

(2) 当检测条件或(和)技术要求的改变可能影响检测结果时,可进行检测规程鉴定;

(3) 如相关产品设计文件或采购技术文件有规定时,应进行规程鉴定。

2. 实施原则

(1) 规程鉴定由检测机构负责实施;

(2) 规程鉴定应进行记录并形成书面文件。

鉴定的实施检测人员在规程规定的检测条件下,按照规程规定的技术要求,对标准试块(或试件)进行渗透检测,若标准试块上的缺陷显示可清晰识别(缺陷显示与该试块的参考图片一致)则说明规程是有效的。

## 五、渗透检测规程示例

以下列举某核电厂,核安全Ⅱ级奥氏体不锈钢管道与管道支承连接焊缝的渗透检测规程。该示例仅供学习参考使用。

背景信息为:某核电厂,核安全Ⅱ级奥氏体不锈钢管道与管道支承的连接焊缝,按照ASME 锅炉压力容器规范要求,在役检查时,应对这些焊缝进行渗透检测,以便发现不符合规范要求的缺陷。

## 核安全Ⅱ级奥氏体不锈钢管道与管道支承连接焊缝的渗透检测规程

（检测规程示例）

检测规程编号：××××××　　　　版次：A

编制：×××　　日期：×××　　审核：×××　　日期：×××

批准：×××　　日期：××××　××××××公司

1. 目的

本规程规定了×××核电厂，核安全Ⅱ级奥氏体不锈钢管道与管道支承连接焊缝渗透检测的人员资格、检测设备、检测条件、检测技术、记录和评定标准以及检测报告的内容和要求。

2. 适用范围

本规程适用于×××核电厂在役检查时，核安全Ⅱ级奥氏体不锈钢管道与管道支承连接焊缝的渗透检测。

3. 引用规范、标准和文件

(1)《核设备无损检测人员资格管理规定》(HAF602)

(2) ASME锅炉压力容器规范第Ⅴ卷及Ⅺ卷(1998版)

4. 检测人员资格

(1) 凡从事检测的无损检测人员应遵照《核设备无损检测人员资格管理规定》

(2) (HAF602)的要求，必须持有在有效期内的渗透检测资格证书；

(3) 渗透检测Ⅰ级人员应在Ⅱ级(或Ⅲ级)人员的指导下进行检测工作；

(4) 渗透检测Ⅱ级(或Ⅲ级)人员有资格按照本程序的要求独立执行检测工作，包括结果评定和编写、签发正式检测报告。

5. 检测范围

核安全Ⅱ级奥氏体不锈钢管道支承与管道的焊缝，检测区包括溶敷金属及其两边10 mm区域。

6. 检测条件

(1) 标识号

被检焊缝的标识号和参考标记应清晰可见，并与参考图一致。

(2) 可达性

所有被检区域应可达并便于检测人员实施检测，应去除所有妨碍渗透检测有效性及缺陷评定的物质。如需要，应搭设脚手架，拆除妨碍检测的物件。

(3) 表面准备

被检区域表面应干燥，且不应当有任何可能堵塞表面开口或干扰检测进行的物质，如污垢、油脂、锈迹、焊渣、焊接飞溅物以及其他的外来物等。经打磨或机加工表面的粗糙度(Ra)应不大于6.3 μm，经喷丸的铸造部件表面的粗糙度(Ra)应不大于12.5 μm。

(4) 温度

被检表面和渗透剂的温度，在渗透检测的整个过程中应保持在10～50 ℃。特殊情况下，最低温度要求可在 10 ℃以下，但不能低于 5 ℃。

（5）照明

被检表面的照度不得小于 500 lx（勒克斯），照明可采用人工光或自然光，但不能使用钠蒸汽灯。

（6）其他要求

检测区域附近禁止明火、施焊和任何燃烧物，并保持空气流通。

7. 检测使用的设备和材料

检测所使用的设备包括渗透检测剂、灵敏度试块、照度计、温度计、量尺和照相机等。

（1）渗透检测剂（渗透剂、清洗剂、显像剂）

使用《××××》核级渗透检测剂或等质的产品；

要求提供每批产品的合格证及氟、氯、硫含量的分析测试报告；且要求一定量的渗透材料在蒸发后的残渣中的氟和氯总量不得超过重量的 1%。

灵敏度试块为不锈钢镀铬裂纹试块，试块应配备相应的合格证和参考图片。

（2）计量器具

照度计、温度计、量尺照度计、温度计、量尺应通过校准并在有效期内。

（3）照相机

照机相为 SONYT20/H1 或其他等同型号。

（4）放大镜

放大镜的放大倍率应不大于 6 倍。

反光镜的镜面应平整光滑，并能真实、不变形的反映图像。

（5）照明器具

便携式手电筒等照明器具至少应保证被检表面有 500 lx 的光照度。

（6）其他消耗品

检测使用的纸、布等消耗品材料，不应对受检对象产生不良影响。

8. 检测技术

核安全Ⅱ级奥氏体不锈钢管道支承与管道的焊缝，采用溶剂去除型着色法。

（1）核准检测条件

所适用的检测条件的描述。

（2）灵敏度验证

检测开始之前或检测条件变化时，在与检测环境相同或相近的条件下，应用不锈钢镀铬裂纹试块验证渗透检测灵敏度。

（3）预清洗

被检表面应先用清洗剂清洗和脱脂，去除表面妨碍渗透和影响判断结果的物质。清洗后的表面可采用自然干燥，或使用干燥、清洁、不起毛的布或吸水纸擦干。

（4）施加渗透剂

被检表面经预清洗干燥后，可使用涂刷或喷涂的方法对被检表面施加渗透剂。渗透时间至少 10 分钟。在规定的渗透时间内，被检表面的渗透剂应保持湿润状态。

(5) 去除多余渗透剂并干燥

先用布或吸湿纸擦去多余的渗透剂，直至绝大部分过量的渗透剂被去除，再用溶剂润湿的布或吸湿纸轻擦表面，以去除多余的渗透剂。为了避免将缺陷中的渗透剂清除掉，要注意防止使用过多的溶剂造成过清洗，同时也应注意防止去除不足而造成对缺陷显示识别困难。

在施加渗透剂以后到显像之前，禁止用溶剂冲洗表面。

多余渗透剂去除后，可以采用自然蒸发、吸干、擦拭以及强制通风(被检表面温度不大于52 ℃)等方法使表面干燥。

(6) 施加显像剂

使用喷涂法对被检表面施加显像剂。施加显像剂应在去除多余的渗透剂和被检表面干燥之后尽快进行。

喷雾罐在每次使用前必须充分摇晃，以使显像剂的浓度均匀，并进行试喷验证。

对被检表面用喷雾罐均匀喷涂显像剂，喷涂厚度应能使显像剂形成一层均匀的薄膜覆盖于整个被检区域。

(7) 观察、评定、记录

观察、评定应在显像剂干燥后的7～30 min内进行，如果显示痕迹的大小不发生变化，则可超过上述时间。

1) 如果显示痕迹过于扩散，难于评定显示痕迹的类型，应仔细观察显示痕迹的形成过程，这有助于判断显示痕迹的类型并确定其严重程度。

2) 观察时可采用反光镜来改善观察角度，并可借助放大镜进行放大观察。

3) 当出现显示痕迹时，必须确定显示痕迹是由裂纹、气孔、夹杂、折叠等缺陷引起的相关显示，还是由于部件的结构等原因引起的非相关显示或由于表面未清洗干净而残留的渗透剂等所引起的伪显示。如无法确定，则应进行复检或用其他无损检测方法进行验证。

4) 对达到记录标准的相关显示必须记录和评定。相关显示分为线性显示和圆形显示。线性显示是指长度大于3倍宽度的显示，圆形显示是指长度等于或小于3倍宽度的显示。

5) 对发现的缺陷显示，应至少记录如下信息：

a) 被检焊缝标识；

b) 缺陷显示编号；

c) 缺陷显示的位置(缺陷显示相对于“参考标记”的距离)；

d) 缺陷显示的数量；

e) 缺陷显示的类型(线性或圆形)；

f) 缺陷显示的大小(长度或直径)。

6) 不可达区域的记录应记录不可达区域的具体位置和范围，并注明不可达原因。

7) 草图或拍照对缺陷显示和不可达区域，可选用草图或拍照等方式进行记录，并加注文字描述说明。在拍照记录时应在显示处放置量尺，确保在放大或缩小照片时，能准确定量缺陷显示的大小。

(8) 复检

当出现下列情况之一时，需进行复验：

1）发现检测过程中操作方法有误或技术条件改变时；

2）有争议或认为有必要时。

(9) 最终清洗

检测结束后,应尽快去除被检表面残余的试剂。

(10) 清理现场

检测结束后,为防止检测用品遗留在工作现场,应对工作现场进行清理。

(11) 报告

Ⅱ级(或Ⅲ级)检测人员应根据检测结果填写检测报告。

9. 记录阈值和验收标准

(1) 记录阈值

主要尺寸大于 1/16 in(1.5 mm)的缺陷显示。

(2) 验收标准

下列情况不能接受:

1）任何裂纹或线性显示；

2）尺寸大于 3/16 in(5 mm)的圆形显示；

3）上在一条线上有 4 个或 4 个以上,且边缘相距小于或等于 1/16 in(1.5 mm)的圆形显示；

4）在最不利的方式选择缺陷范围,任取一个表面积为 6 $in^2$(4 000 $mm^2$)且其主要尺寸不超过 6 in(150 mm),在这个面积内有 10 个或 10 个以上的圆形显示。

10. 检测报告

渗透检测报告至少包含以下信息:

(1) 报告编号；

(2) 机组号,检测类型；

(3) 受检部件名称,检测时机；

(4) 被检焊缝的标识、规格及材质,安全等级；

(5) 所用渗透检测规程的编号和版本；

(6) 表面照度和温度；

(7) 渗透检测方法,灵敏度试块；

(8) 渗透检测剂的型号、批号；

(9) 渗透、去除、显像方法和渗透、显像时间；

(10) 检测结果；

(11) 检测日期,检测人员及其资格,签名(编、审、认可)；

(12) 报告编制日期。

## 第二节　工艺卡

渗透检测工艺卡是简要规定具体产品的专用的渗透检测技术和要求的图表。它用于控制具体产品的渗透检测技术和指导渗透检测的实施,指导渗透检测人员进行检测操作、处理检测结果并作出合格与否的结论,从而完成渗透检测的技术文件。它是具体的检测某一具体产品或产品上的某一部件的依据。

渗透检测工艺卡是具体产品(或部件)检测作业的指导性文件,一般采用表、卡的形式规定相关内容和要求。它是针对某一具体产品或产品上某一零件或部位,依据渗透检测规程、被检产品的相关技术要求和适用的检测标准等而专门制定的有关检测技术细节和具体参数的工艺文件。通常,凡是工艺卡上没有规定的一些共性问题,应按检测规程或适用的检测标准进行。检测规程具有普适性,检测工艺卡更具操作性。

检测人员必须严格执行工艺卡所规定的各项条款,不得违反。因而要求渗透检测工艺卡简单明了,具有可操作性。

对渗透检测工艺卡,不同人员负有其相应的责任。编制人员应保证规定的技术、方法、工艺参数的正确性和可行性,操作人员应依据渗透检测工艺卡进行渗透检测工作,从而保证渗透检测工作符合有关技术文件的要求。

渗透检测工艺卡的编制、审核、批准应符合相关法规、质量保证文件、安全规范或技术标准的规定。渗透检测工艺卡的保存和管理也应符合相关技术和质量、安全要求。

## 一、渗透检测工艺卡的基本内容

渗透检测工艺卡多为图表形式。主要内容包括但不限于以下内容:

(1) 工艺卡编号(应根据相关程序文件的规定编制);

(2) 被检产品信息(产品名称和编号,制造、安装或检测编号,规格,材质和材料牌号,热处理状态及表面状态);

(3) 检测设备与材料(照度计、温度计型号和编号,渗透检测剂型号和批号,灵敏度试块和灵敏度等级);

(4) 检测工艺参数(检测方法、检测比例、检测部位、检测时机、灵敏度验证等);

(5) 检测技术要求(执行标准、记录要求、验收级别等);

(6) 检测部位示意图;

(7) 操作步骤(预清洗、干燥、施加渗透剂、去除多余渗透剂并干燥、施加显像剂、观察、评定及记录、最终清洗);

(8) 签名:编制人(级别)、审核人(级别)及批准人;

(9) 日期:编制、审核及批准日期。

以下列举某核电厂,核安全Ⅱ级奥氏体不锈钢管道与管道支承连接焊缝的渗透检测工艺卡。该示例仅供学习参考使用。

背景信息为:某核电厂,核安全Ⅱ级奥氏体不锈钢管道与管道支承的连接焊缝,按照ASME 锅炉压力容器规范要求,在役检查时,应对这些焊缝进行渗透检测,以便发现不符合规范要求的缺陷。

应用规范、标准:ASME 锅炉压力容器规范第Ⅴ卷及Ⅺ卷(1998 版)。

某核电厂核安全Ⅱ级奥氏体不锈钢管道与管道支撑连接焊缝的渗透检测工艺卡见表 11-1。

**表 11-1　渗透检测工艺卡示例　　　工艺卡编号：××××**

| | | | | | | | |
|---|---|---|---|---|---|---|---|
| 核电厂名称 | ××核电厂 | 被检部件名称 | 管道与管道支承连接焊缝 | 规格尺寸 | Φ××× | 安全等级 | Ⅱ级 |
| 热处理状态 | 焊后 | 检测时机 | 在役检查 | 被检表面要求 | Ra≤12.5 μm | 材料牌号 | 奥氏体不锈钢 |
| 检测部位 | 溶敷金属及其两边 10 mm | 检测比例 | 100% | 检测方法 | 溶剂去除型着色法 | 检测温度 | 10～52 ℃ |
| 标准试块 | 不锈钢镀铬裂纹试块 | 观察方式 | 目视☒辅助工具☒ | 渗透剂型号 | HD-RS | 乳化剂型号 | / |
| 清洗剂型号 | HD-BX | 显像剂型号 | HD-XS | 渗透时间 | >10 min | 干燥时间 | 5 min |
| 显像时间 | >7 min | 乳化时间 | / | 检测设备 | 灯 | 黑光辐照度 | / |
| 可见光照度 | ≥500 lx | 渗透剂施加方法 | 刷涂 | 乳化剂施加方法 | / | 去除方法 | 擦除 |
| 显像剂施加方法 | 喷涂 | 水洗温度 | / | 水压 | / | | |
| 检测方法标准 | ASME 锅炉压力容器规范第Ⅴ卷及Ⅺ卷（1998 版） | | | 验收标准 | | 合格级别 | |
| 记录阈值和验收标准 | 记录阈值：主要尺寸大于 1/16 in(1.5 mm)的显示；<br>验收标准：<br>下列情况不能接受：<br>1）任何裂纹或线性显示；<br>2）尺寸大于 3/16 in(5 mm)的圆形显示；<br>3）在一条线上有 4 个或 4 个以上，且边缘相距小于或等于 1/16 in(1.5 mm)的圆形显示。<br>在最不利的方式选择缺陷范围，任取一个表面积为 6 in²(4 000 mm²)，且其主要尺寸不超过 6 in (150 mm)，在这个面积内有 10 个或 10 个以上的圆形显示。 | | | | | | |

检测部位示意图：略

| 工序号 | 工序名称 | 工艺参数及技术要求 |
|---|---|---|
| 1 | 温度、照度测量 | 测量被检表面的温度和照度 |
| 2 | 测量、灵敏度验证 | 用不锈钢镀铬裂纹试块验证渗透检测灵敏度。试块上的裂纹检出率为 100% |
| 3 | 预处理 | 清理被检表面及两侧各 25 mm 区域。清理后的表面可采用自然干燥(5～10 min)，或用清洁干燥的布或吸水纸擦干 |
| 4 | 渗透 | 被检表面干燥后，采用刷涂方式施加渗透剂，渗透时间不少于 10 min。<br>要点：渗透剂应覆盖整个被检表面并在整个渗透时间内保持湿润状态 |

续表

| 工序号 | 工序名称 | 工艺参数及技术要求 |
| --- | --- | --- |
| 5 | 去除 | 采用擦除方法去除多余的渗透剂。注意观察去除效果，防止过清洗和清洗不足 |
| 6 | 干燥 | 被检表面在喷涂显像剂之前应自然干燥 5 min |
| 7 | 显像 | 采用喷涂法施加显像剂。要点：显像剂在喷涂前必须充分摇晃，显像剂应薄而均匀地覆盖于整个检测区域，显像时间不少于 7 min |
| 8 | 观察及评定 | 观察方式：目视或使用放大镜观察。可见光照度不小于 1 000 lx。显像剂施加后，应观察显像的形成过程。对显示痕迹评判、记录，应在显像剂施加后的 7～60 min 内进行 |
| 9 | 记录 | 如有缺陷显示，应以“参考标识”为零点，记录缺陷显示的位置、数量、尺寸和性质 |
| 10 | 后处理 | 检测完毕后，被检表面应用清洗剂清洗，并清理工作现场 |

1）污染物的控制：有污染物的含量证书，且要求一定量的渗透材料在蒸发后的残渣中的氟和氯总量不得超过重量的 1%。

2）安全防护：工作现场保持良好通风；正确使用个人防护用品；工作现场严禁明火并有切实可行的防火措施；电器、照明使用安全电压。

| 编制 | ××× PT-Ⅱ | 审核 | ××× PT-Ⅱ | 批准 | ××× |
| --- | --- | --- | --- | --- | --- |
| 日期 | ×× | 日期 | ×× | 日期 | ×× |

## 思考题

1. 简述通用工艺规程和工艺卡的概念及区别。
2. 简述通用工艺规程的修订原则及修订注意事项。
3. 简述规程鉴定的适用范围及实施原则。

# 第十二章　渗透检测标准

## 第一节　ASME 规范

### 一、ASME 第Ⅴ卷第 6 章

ASME 第Ⅴ卷第 6 章主要描述渗透检测方法，该章必须与第Ⅴ卷第 1 章(通用要求)一起使用。规范中的术语“检查”与“检验”视为同一个概念。

1. 适用范围

ASME 第Ⅴ卷第 6 章所描述的渗透检测方法主要适用于探测非多孔性的金属或其他材料的表面开口缺陷。

2. 渗透检测规程的要求

ASME 规范主要围绕“检测文件”作出规定，分为三类：

(1) 被检材料的文件；

(2) 检测材料的文件；

(3) 检测过程的文件。

ASME 规范要求渗透检测规程应至少考虑到：被检材料、形状、大小、检测范围；检测材料型号；检测前清洗、干燥的细节；施加渗透剂的细节；停留时间，温度(10～52 ℃)；去除渗透剂、施加显像剂、观察、后清洗的细节。

规程中的内容可分为基本变素和非基本变素，见表 12-1 所示。当规定要进行规程鉴定时，非基本变素的变动只需修改规程，不需进行规程鉴定；而基本变素的变动则不仅需要进行规程修改，还需进行规程鉴定。

**表 12-1　规程中的基本变素和非基本变素**

| 要　　求 | 重要变素 | 非重要变素 |
|---|---|---|
| 渗透材料(包括显像剂、乳化剂等)标志和类型或系统组合的任何变化 | × | |
| 表面制备(表面粗糙度和清洗，包括清晰溶液类型) | × | |
| 施加渗透剂方法 | × | |
| 去除多余表面渗透剂方法 | × | |
| 亲水或亲油乳化剂浓度、在浸泡槽内的滞留时间和亲水乳化剂的搅动时间 | × | |
| 喷淋操作时的亲水乳化剂浓度×施加显像剂的方法 | × | |
| 两步骤间的最长和最短时间周期和干燥手段 | × | |
| 渗透剂滞留时间的减少 | × | |

续表

| 要　求 | 重要变素 | 非重要变素 |
|---|---|---|
| 增加显像剂滞留时间 | × | |
| 最小光强度 | × | |
| 表面温度超出 50～125 ℉(10～52 ℃)或预先鉴定 | × | |
| 技能论证(当有要求时) | × | |
| 人员鉴定要求 | | × |
| 被检材料,形状或尺寸和检测的范围 | | × |
| 检测厚道清洗技术 | | × |

3. 检测材料的要求

ASME 规范对渗透检测材料进行了明确的分类,主要分类如下。

(1) 渗透液分类

着色:可水洗型、后乳化型、溶剂去除型;

荧光:可水洗型、后乳化型、溶剂去除型。

(2) 显像剂分类

干显像剂;

湿显像剂:水剂显像剂、非水剂显像剂。

(3) 污染物的控制

镍基合金的检测:所有渗透材料应做含硫量分析(≤1%);

奥氏体或二联不锈钢和钛的检测:所有渗透材料应做氟和氯含量分析(≤1%)。

4. 技术限制

(1) 着色渗透后,不应跟着做荧光渗透检测;

(2) 不允许将不同种类或不同制造商的渗透材料相互混用;

(3) 用可水洗的渗透剂重复试验时,有可能因污染而丧失临界的显示。

5. 表面条件

ASME 规范对受检对象的表面条件提出如下具体要求:

应打磨、切削、加工不平表面;

检测前,受检表面及相邻 25 mm 区域应是干燥的,不应当有任何污垢、油脂、纤维屑、铁皮、焊渣、飞溅物、油及外来物等。可采用清洗剂、除油、超声波清洗等方法清洁表面。

6. 检测温度要求和对比试块的使用

(1) 标准温度方法(10～52 ℃):在检测过程中,只要零件温度保持在 10～52 ℃之间,允许做局部的加热;

(2) 非标准温度方法:温度超过上述范围,应采用渗透对比试块对检测方法作出鉴定。(对比试块采用 2024 型铝合金制作,尺寸约 52 mm×76 mm,厚约 9.5 mm)。

注:ASME 第 V 卷第 6 章只介绍了这一种渗透检测试块。

7. 校验

照度计可见光和荧光(黑光)光强度计应至少每年校验一次,或每当仪器修理以后应校验。如果仪器一年或一年以上不用,应在使用前对仪器进行校验。

8. 渗透时间

最少的渗透时间应按照表 12-2 的要求,或者通过验证鉴定作为特定的应用。

**表 12-2　最少的渗透时间**

| 材料 | 成型方式 | 缺陷类型 | 滞留时间 | |
|---|---|---|---|---|
| | | | 渗透剂 | 显像剂 |
| 铝、镁、钢、黄铜和青铜、钛和高温合金 | 铸造和焊接 | 冷隔、气孔、未熔合、所有裂纹 | 5 | 10 |
| 铝、镁、钢、黄铜和青铜、钛和高温合金 | 锻造材料-挤压、锻造、板 | 折叠、所有裂纹 | 10 | 10 |
| 硬质合金头工具 | | 未熔合、气孔、裂纹 | 5 | 10 |
| 塑料 | 所有方式 | 裂纹 | 5 | 10 |
| 玻璃 | 所有方式 | 裂纹 | 5 | 10 |
| 陶瓷 | 所有方式 | 裂纹 | 5 | 10 |

注:用于 50～125 ℉温度范围。

9. 多余渗透剂的去除

(1) 水洗性渗透剂:应采用喷水的方法来清除多余的水洗性渗透剂,水的压力不应超过 50 psi(340 kPa),水温不得超过 43 ℃。

(2) 溶剂去除型渗透剂:应先用布或吸湿纸揩去多余的溶剂清洗型渗透剂,要反复擦揩,直至绝大部分剩余的渗透剂被除去,再用溶剂润湿的布或吸湿纸轻擦揩表面,以除去残留的渗透剂痕迹。为了尽量避免将不连续性中的渗透剂清除掉,要注意防止使用过多的溶剂。在施加渗透剂以后到显像之前这一阶段中,禁止用溶剂冲洗表面。

10. 清除多余渗透剂后的干燥

(1) 对于水洗型或后乳化型方法,可以用清洁的吸水材料将表面吸干,也可以用循环流动热风吹干,但不要让表面的温度超过 125 ℉(52 ℃)。

(2) 对于溶剂去除型方法,可以用正常蒸发、吸干、擦以及强制通风等方法使表面干燥。

11. 显像

施加显像剂应在清除多余的渗透剂之后尽快进行,其时间间隔不得超过检测规程的规定。涂敷厚度不够时,可能不能吸出不连续中的渗透剂;相反,涂敷厚度过大时,也可能掩盖显示。

对于着色渗透剂,只能应用湿显像剂。对于荧光渗透剂,则干、湿显像剂都可以变用。

(1) 干显像剂的应用:干显像剂只能用软刷,手持的喷粉球、喷粉枪或其他方法施加到干燥的表面上,显像粉应均匀地洒到整个被检查的表面。

(2) 湿显像剂的应用:在把悬乳型湿显像剂施加到表面上之前,显像刘必须充分搅拌,保证悬乳微粒有足够的弥散。

水剂显像剂的应用:水剂显像剂可用于湿表面也可用于干表面,应通过浸渍、涂刷、喷涂或其他方法施加在整个检测表面得到一层薄涂层,干燥时间可利用热空气来缩短,但零件的表面温度不应超过 125 ℉(52 ℃),不允许采用吸干法。

非水剂显像剂的应用:非水剂显像剂只能用于干燥表面。除了安全或方法限制的妨碍之外,应使用喷涂法施加,在不能用喷涂法时,可使用涂刷法。应通过正常蒸发干燥。

12. 显像时间

施加干显影剂一完成或湿显影剂涂层一干,最终解释的显影时间即开始。要求的起码显像时间见表 11-2。

13. 解释

最终解释:在施加干显影剂一完成或湿显影剂涂层一干后的 10～60 min 内,应当作出最终的判断。如果渗出过程并不改变检测的结果,允许有更长的判断时间。如果被检测的表面很大,以致不能在规定的时间内检测完,则应将表面分成几个部分进行检测。

表示指示特征:如果渗透剂在显像剂中过于扩散,就难评定不连续性的类型。如发生该情况,留心观察表面显示的形成过程可能有助于判断显示迹像的类型并确定其程度。

着色渗透剂:对于着色渗透剂,显像剂会形成一个适当的均匀自色涂层,表面的不连续由渗出来的渗透剂来显示,一般是将显像剂染成深红色。如果指示呈淡粉红色,这是表示清洗过度;清洗不足,则可以造成本底颜色过深而难于辨认。起码要有 100 fc(1 000 lx)光强度的照明,以保证在检测和评定指示时有足够的灵敏度。光源、所用技术和光水平的验证要求进行一次论证,并予以存档保存。

荧光渗透剂:对于荧光渗透剂,要在暗区用经过滤光的紫外光,通常称为黑光来进行检测。黑光应进行如下测试:

测试应在一个暗的环境中进行。

(1) 测试前,测试仪应置于暗的环境中至少 5 min,以使其眼睛适应暗的视野。如果测试仪戴着镜子或透镜,它应该不是光敏元件的。

(2) 在使用或测量紫外线射源的强度之前,应至少预热黑光灯 5 min。当使用黑光灯时,反光片和滤光片应每天核查和清洁。开裂或破碎的滤光片应及时更换。

(3) 黑光强度应使用黑光计测量,测出的零件表面黑光强度至少应为 1 000 μm/cm$^2$,至少每 8 h 和工作状态变化或更换黑光灯泡时测定一次黑光强度。

14. 检测后的清除

按工艺规程要求检测后清除时,应采用常规方法,以便不危害到零件。

15. 评定

所有的显示迹像,都应按照本《规范》有关卷的验收标准作出评定。

表面的各种不连续是以渗透剂的渗出来显示的,然而,如果由于切削的痕迹或其他的表面状态而造成表面的局部凹凸不平,也可以产生虚假的显示迹像。

不允许存在可能掩盖不连续指示的大范围残存荧光或着色区。这些区域应清洗干净,并重新做检测。

16. 文件

(1) 指示记录

非拒收指示:非拒收指示应如规范相关卷规定记录。

拒收指示:拒收指示应记录。起码应记录指示的类型(线状或点状)、位置和大小(长度或直径或链状)。

(2) 检测记录对于每一次检测,应记录如下内容:

1) 规程名称和修正版本;

2) 渗透剂类型(着色或荧光);

3) 所用的每种渗透剂、渗透去除剂、乳化剂和显像剂的名称和型号;

4) 如规范相关卷要求,检测人员的身份和资格等级;

5) 指示的分布图或记录;

6) 材料和厚度;

7) 光照设备;

8) 完成检测的日期和时间。

(3) 技能论证

当规范相关卷有要求时,技能论证应形成文件。

## 二、ASME 第Ⅲ卷有关渗透检测的验收标准

ASME 第Ⅲ卷主要内容是核动力厂组件与设备的材料、设计、制造、安装等的相关规定。第Ⅲ卷包括第一册和第二册,第一册又分为 6 个分卷和 1 个附录。

ASME 第Ⅲ卷与渗透检测相关的核 1、2、3 级验收标准如下。

1. 板材验收标准

出现下列痕迹的缺陷,应探明位置,并予以清除或修补。

(1) 线状痕迹;

(2) 尺寸大于 3 mm 的圆形痕迹;

(3) 3 个或 3 个以上间距小于 2 mm 排列成行的痕迹;

(4) 聚集有 5 个或 5 个以上的密集痕迹的 100 $cm^2$ 的矩形表面上,其长度不超过 20 cm,且该矩形处在评定最严重的部位。

2. 锻件及棒材验收标准

(1) 主要尺寸大于 1/16 in(1.5 mm)的缺陷显示认为是相关显示。

(2) 长度大于下列规定的线性显示为不合格:

材料厚度小于 5/8 in(16 mm)时,长度大于 1/16 in(1.5 mm)的线性显示;

材料厚度为 5/8 in(16 mm)到 2 in(50 mm)内时,长度大于 1/8 in(3 mm)的线性显示;

材料厚度大于或等于 2 in(50 mm)时,长度大于 3/16 in(5 mm)的线性显示。

(3) 尺寸大于下列规定的圆形显示为不合格。

材料厚度小于 5/8 in(16 mm)时尺寸大于 1/8 in(3 mm)的圆形显示;

材料厚度大于或等于 5/8 in(16 mm)时尺寸大于 3/16 in(5 mm)的圆形显示。

(4) 凡在一条直线上,有 4 个或更多的相关显示,且边缘相距不到 1/16 in(1.5 mm)为不

合格。

(5) 凡在相关显示最密集部位的任意面积为 6 $in^2$(4 000 $mm^2$),其最大尺寸不大于 6 in (150 mm)的区域内,有 10 个或更多个相关显示为不合格。

3. 不加填充金属轧制无缝管状制品和配件的验收标准

这部分验收标准同“锻件及棒材的验收标准”。

4. 加填充金属焊接的管状制品和配件的验收标准

这部分验收标准同“锻件及棒材的验收标准”。

5. 普通铸件和离心铸件的验收标准

(1) 不合格的线性显示:同锻件及棒材标准;

(2) 不合格的圆形显示:同锻件及棒材标准;

(3) 在一条直线上有 4 个或更多的显示且其边缘间的距离等于和小于 1/16 in (1.5 mm);

(4) 密集型显示:同锻件及棒材标准。

6. 螺栓、双头螺栓和螺母的验收标准

(1) 核一级部件非轴向的线性缺陷为不合格,长度大于 1 in(25 mm)的轴向线性显示为不合格;

(2) 堆芯支撑结构不允许存在尺寸大于 1/16 in(1.5 mm)的线性和圆形的相关显示。

7. 焊缝、焊缝坡口及堆焊层表面的验收标准

(1) 焊缝及堆焊层验收标准

只有主要尺寸大于 1/16 in(1.5 mm)的显示才被认为是相关显示;

以下缺陷的显示均为不合格:

1) 任何裂纹或线性示;

2) 尺寸大于 3/16 in(5 mm)的圆形示;

3) 在一条直线上且有 4 个或更多并且其边缘距离小于或等于 1/16 in(1.5 mm)的圆形显示;

4) 相关显示最密集部位任意面积为 6 $in^2$(4 000 $mm^2$)且其主要尺寸不超过 6 in (150 mm)的区域内有 10 个或更多的圆形显示。

(2) 焊缝坡口加工表面验收标准

以下显示不合格:

1) 长度大于 3/16 in(5 mm)的线性显示;

2) 尺寸大于 3/16 in(5 mm)的圆形显示;

3) 在一条直线上且有 4 个或更多并且其边缘距离小于或等于 1/16 in(1.5 mm)的显示。

(3) 堆芯支撑结构焊缝验收标准同前。

(4) 堆芯支撑结构焊缝坡口加工表面验收标准下列显示不可接受

1) 厚度 1~2 in 的材料,任何长度大于 1/8 in(3 mm)的线性显示;厚度大于和等于 2 in 的材料,任何长度大于 3/16 in(5 mm)的线性显示;

2) 尺寸大于 3/16 in(5 mm)的圆形显示;

3) 在一条直线上且有 4 个或更多并且其边缘距离小于或等于 1/16 in(1.5 mm)的显示。

## 三、ASME 第Ⅺ卷

### 1. ASME 第Ⅺ卷的构成

ASME 第Ⅺ卷主要由如下几个部分构成：

(1) IWA 分卷通用要求；

(2) IWB 分卷轻水冷却核电厂一级设备要求；

(3) IWC 分卷轻水冷却核电厂二级设备要求；

(4) IWD 分卷轻水冷却核电厂三级设备要求；

(5) IWE 分卷轻水冷却核电厂 MC 和 CC 级金属内衬设备的要求；

(6) IWF 分卷轻水冷却核电厂一、二、三和 MC 级设备支承件的要求；

(7) IWF 分卷轻水冷却核电厂 CC 级混凝土设备的要求；

(8) 规定性附录；

(9) 非规定性附录。

### 2. 适用范围

ASME 第Ⅺ卷适用于轻水冷却核电厂在役检查和在役试验，适用于单个设备和整个核电厂。对检查、职责、可达性和可检性、检测方法和程序，人员资格、检查频度、记录保存和报告、评定检查结果和随后对评定结果处理的程序，以及包括采购、设计、焊接、钎焊、金属或混凝土的去除、安装、检验和压力试验在内的修理/更换活动等活动提出了明确的要求。

ASME 第Ⅺ卷中规定进行检查和试验的设备应包括在役检查大纲内。这些设备包括核电厂的容器、安全壳、管道系统、泵、阀、堆芯支承结构、贮存箱以及它们的支承。

### 3. 检测方法

(1) 在役检查期间采用的三类检测方法是目视、表面和体积检测，所使用的检测方法在 ASME 规范第Ⅺ卷的表 IWB、IWC、IWD、IWE、IWF 和 IWL—2500-1 中做了规定。如果需要在高辐射区检测设备，则可能需要使用遥控的检测设备。

(2) 如果无损检测要求对表面进行预加工，则应采用机械加工的方法，加工的表面应延伸到要求进行检测的区域之外，壁厚不应减薄到低于设计要求的最小厚度。这种表面机械加工可采用非规定性附录的规定。

(3) 表面检测用于显示是否存在表面不连续性。此检测可用磁粉检测、渗透检测、涡流检测或超声检测进行。

(4) 体积检测显示整个材料体积内存在的不连续性，它可以从设备的内侧或外侧进行。检测方法为超声检测、射线检测和涡流检测。

(5) 各种检测方法按照 ASME 第 V 卷规定的要求进行。

### 4. 检测结果

(1) 缺陷显示

应按 IWB—3000 对一级承压设备、IWC—3000 对二级承压设备、IWD—3000 对三级承压设备，IWE—3000 对 MC 级承压设备或 IWF—3000 对设备支承件的要求，对在役检查期间探出的各种缺陷进行评定。

(2) 表面缺陷显示特征

如果探测出的缺陷的面积主要位于不平行于设备表面的任一单一平面内,且缺陷的某一部分贯穿设备的一个表面,则连续的缺陷应看作是表面平面缺陷。如果缺陷的任何部分离设备最近表面的距离小于 0.4 d,则深埋缺陷应看作是表面缺陷。

(3) 单一线性缺陷的确定原则

如果由表面检测方法(PT/MT)探测出的各线状表面缺陷,其相邻间距等于或小于如图 12—1 确定的尺寸 $S$,则这些表面缺陷应作为单一的线状缺陷。单一的不连续的线状缺陷的总长度 $l$ 应按图 12-1 确定。

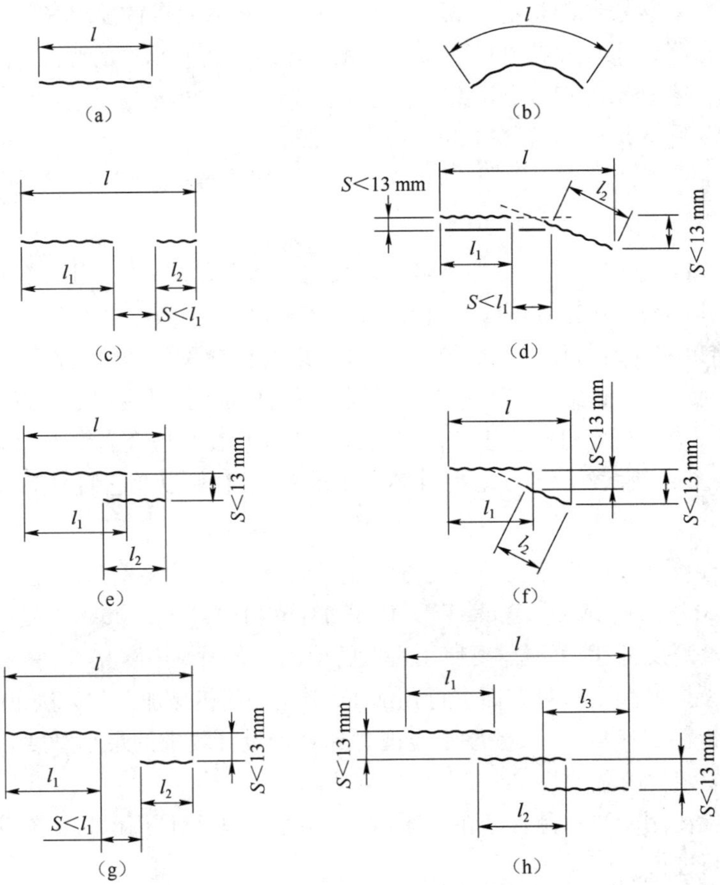


图 12-1 线状表面缺陷

缺陷形状图示和长度 $l$ 的确定

(a)单一线状缺陷;(b)单一曲线状缺陷;(c)排列成行的线性缺陷 $l_1>l_2$;(d)非重叠缺陷 $l_1>l_2$;(e)重叠平行缺陷;(f)重叠缺陷;(g)非排列成行的线状缺陷 $l_1>l_2$;(h)多个平行缺陷

## 第二节 其他核工业渗透检测标准

除了 ASME 规范以外,在国内应用较多的还有 RCC-M 标准、RSE-M 标准,ПНАЭг 标准(苏联标准),CAN/CAS 标准(加拿大重水堆标准)。在此,我们着重介绍 RCC-M 规范。

RCC-M 规范(压水堆核岛机械设备设计和建造规则)是法国核岛设备设计建造规则协会(AFCEM)编制的,共分 5 卷 6 册。

(1) 第Ⅰ卷

第一册　A 篇-总论;Z 篇-技术性附录;

第二册　B 篇-1 级设备;C 篇-2 级设备;D 篇-3 级设备;

第三册　E 篇-小型设备;G 篇-反应堆堆内构件;H 篇-支撑件;J 篇-低压或常压贮罐。

(2) 第Ⅱ卷

第四册　M 篇-材料(上):碳钢、合金钢;

第五册　M 篇-材料(下):不锈钢、特殊合金及其他材料。

(3) 第Ⅲ～第Ⅴ卷

第六册　MC 篇-检测方法;S 篇-焊接;F 篇-制造。

RSE-M 规范(核电厂核岛机械设备在役检查规则)是由法国核岛设备设计和建造及在役检查协会(AFCEN)编制和初版的。共分 3 册。

(1) 第一册

A 册-总则;

B 册-核安全 1 级设备的特殊规则;

C 册-核安全 2 级设备的特殊规则;

D 册-核安全 3 级设备的特殊规则。

(2) 第二册

附录 1-9。

(3) 第三册

附录 3-在役检查和相关图表。

由于是从 ASME 规范脱胎而来,RCC-M 规范对渗透检测的相关规定与 ASME 中的相关规定大同小异,从规范的使用范围、对人员及程序方面的要求、对渗透检测方法的分类、对检测材料的分类、对检测材料的特殊性要求(如对渗透材料氟、氯、硫含量的规定),被检表面温度的要求(除非另有规定,应在 10～50 ℃之间,最低温度可以下降到 5 ℃),渗透检查操作工艺等规定均基本相同。

但是在渗透检测工艺中,ASME 规定中对渗透液的滞留时间给出了推荐意见,在 RCC-M 规范中,渗透时间规定为至少 20 min(某些要求较高敏感性的补充检测,可能需要更长的停留时间)。

ASME 第 V 卷第 6 章中使用带有淬火纹的铝试块(通用渗透检测教材中的 A 型试块),RCC-M 规范中使用 Ni-Cr 标准裂纹试块。

RCC-M 规范与 ASME 规范较大的差异在于对缺陷评定验收上规定存在不同,RCC-M 规定中对缺陷的评定不如 ASME 规范按照检测对象规定细致,大致可分为如下几个验收对象。

## 一、板材验收规定出现下列痕迹的缺陷,应探明位置,并予以清除或修补

(1) 线状痕迹;

(2) 尺寸大于 3 mm 的圆形痕迹;

(3) 3 个或 3 个以上间距小于 2 mm 排列成行的痕迹；

(4) 聚集有 5 个或 5 个以上的密集痕迹的 100 $cm^2$ 的矩形表面上，其长度不超过 20 cm，且该矩形处在评定最严重的部位。

## 二、棒材的验收规定

(1) 对直径大于或等于 25 mm 或横截面积大于或等于 500 $cm^2$ 的棒材，在交货状态下可以进行表面磁粉检测或液体检测。如果规定要在最终成品上进行这些检测，就不必检测棒材。

(2) 尺寸大于 1 mm 的痕迹需予以记录；验收规定同板材。

(3) 普通铸件和离心铸件的验收规定：

1) 尺寸大于 2 mm 的痕迹需要予以记录；

2) 尺寸大于 5 mm 的圆形显示不合格，其他验收规定同板材标准。

## 三、螺栓、双头螺栓和螺母的验收规定

(1) 尺寸等于或大于 1 mm 的痕迹应予以记录；

(2) 线性显示、尺寸超过 3 mm 的圆形显示、边缘间距小于 3 mm 的 3 个或 3 个以上排成行的痕迹不合格。

## 四、焊缝的验收规定

RCC-M 规范中对焊缝的验收分为三级，如下：

### 1. 一级焊缝的验收标准

(1) 记录大于 2 mm 的为相关显示；

(2) 下列任一显示不合格：

线性显示；

大于 4 mm 的圆形显示；

3 个或 3 个以上排列在一条直线上，且两显示间边与边距离小于 3 mm 的显示；

以最不利的方式选择的最大边长不大于 20 cm 的 100 $cm^2$ 的矩形表面上存在 5 个或 5 个以上的密集显示。

### 2. 二级焊缝的验收标准

以最不利的方式选择的最大边长不大于 20 cm 的 100 $cm^2$ 的矩形表面上存在 8 个或 8 个以上的密集显示；

其他验收标准同一级焊缝。

### 3. 三级焊缝的验收标准

以最不利的方式选择的最大边长不大于 20 cm 的 100 $cm^2$ 的矩形表面上存在 12 个或 12 个以上的密集显示；

其他验收标准同一级焊缝。

# 思考题

1. ASME 标准中关于技术限制的规定有哪些？
2. 简述 ASME 标准中板材的验收标准。
3. 简述 ASME 标准中锻件的验收标准。
4. 简述 ASME 标准中螺栓、双头螺栓和螺母的验收标准。
5. 简述 ASME 标准中焊缝及焊缝坡口表面的验收标准。
6. 简述 ASME 第Ⅺ卷主要由哪几个部分构成？
7. RCC-M 中关于板材的验收标准是什么？

# 第十三章　自动渗透检测新技术、新知识、新工艺

自动渗透检测系统具有灵敏度高、检测速度快，可使工艺规范化、自动化，可减轻劳动强度，提高工作效率的特点。

美国、英国已在航空工业、汽车工业及宇宙飞船等领域采用了自动检测系统，渗透显示用电视摄像机拍摄并由计算机分析检测结果。1981年诞生了荧光渗透检测指示紫外线扫描系统，目前国内已有少量的自动渗透检测装置。

自动渗透检测由图像摄取的摄像机和计算机图像处理的机电一体化渗透检测自动系统组成，检测灵敏度≤1 μm。

自动渗透检测系统的组成

自动渗透检测装置多是针对特定的被检对象而开发研制的专用自动检测系统，根据被检部件不同，自动渗透检测装置存在一定差异，但一般由机械装置、控制装置、图像采集分析、照明、残液收集等部分组成。

## 一、机械装置

在渗透检测时机械装置实行检测区域的表面清洗、表面吹干、渗透、去除表面多余渗透剂、施加显像剂、表面扫查、后处理等工作，并在计算机控制下能准确控制表面干燥时间、渗透时间、显像时间等。

## 二、控制装置

控制装置主要为实现表面清洗、表面吹干、渗透、去除表面多余渗透剂、施加显像剂、表面扫查、后处理等工作等渗透检测动作的装置，并具有实现显像剂后的CCD自动扫查，且能自动聚焦，保证视频图像的清晰度要求。

## 三、图像摄取及计算机处理系统

信号传输线用以传递图像信号，图像采集分析单元主要由录像机或硬盘刻录机、采集分析计算机、图像采集卡等。

## 四、视频图像通过图像采集卡将摄取的视频图像存储在计算机中

图像处理技术一般包括：

(1) 图像灰度增强预处理，包括直方图校正、线性灰度校正和直方图均衡。

(2) 图像的边缘检测和分割。

(3) 梯度算子。

(4) 用自相关函数分析确定图像的纹理粗细，可对缺陷进行分析。

(5) 形状特征的提取有助于缺陷的分类和描述，并对面积、圆度等区域参数进行运算。

# 第二部分　核设备渗透检测操作技能

**学习目标：**

初级工：了解核设备无损检测相关术语和常用符号；能够使用渗透检测设备实施常用方法的渗透检测；了解核设备常见缺陷及显示的基本知识、完成渗透检测记录的填写。

中级工：掌握常用渗透检测方法及操作步骤、渗透检测设备的使用；了解核设备无损检测的相关要求、相关显示的初步判定及报告单的格式和填写要求。

高级工：熟悉检测工艺卡的编制要求、核设备相关无损检测标准和规范；熟悉检测系统的工作原理和操作方法；了解缺陷产生机制、特征与评定方法；熟悉渗透检测设备的使用及维护保养，掌握质量分级的规定、报告的编制要求。

技师：熟悉核设备检测规程的编写要求、相关仪器设备的工作原理；掌握检测仪器校验规程的编写；掌握无损检测报告、培训教材的编写；掌握检测设备的原理及结构，能编写检测设备维护保养规程。

高级技师：根据技术条件能编制核设备无损检测专用渗透检测工艺、验收标准和检测规程；了解核设备制造工艺；熟悉检测仪器、设备的相关知识；了解无损检测的新技术、新知识和新工艺。

## 第十四章　操作技能——对接全焊透焊缝试件渗透检测

### 一、概述

操作检测对象为对接全焊透焊缝试件，采用溶剂去除型着色法，按 JB/T 47013.5—2015 标准执行。

渗透检测操作技能包括工作条件的准备、灵敏度试块的校验、渗透检测的实施、检测报告等的要求。

操作设备和器材包括：着色渗透检测剂（渗透剂、清洗剂、显像剂）、灵敏度试块（B 型试块）、对接全焊透焊缝试件、照度计、温度计、辅助照明工具（强光灯或手电筒）、测量尺、放大镜、布或纸、操作记录表等。操作设备和器材见图 14-1 所示。

图 14-1 操作设备和器材

## 二、工作条件准备

(1) 检测设备、器材和被检试件的确认渗透检测开始前,首先确认渗透检测剂型号和批号,灵敏度试块型号和编号,被检试件的编号、材质,以及其他设备和器材的型号、编号;使用直尺或卷尺测量试件的尺寸(长×宽×厚),并将上述信息记录在表上相应位置,绘制被检试件示意图。

(2) 测量试件被检表面光照度将照度计打开,把测量头置于试件被检表面,测量被检表面光照度并作记录。见图 14-2 所示。注意:测量试件被检表面照度时,辅助照明工具距离试件被检表面的距离应为观察评判时辅助照明工具距离试件被检表面的距离。记录时,应记录测量到的具体光照度,如:被检表面光照度 1 600 lx,而不要把被检表面照度填写为"≥1 000 lx"。

(3) 测量试件被检表面温度将温度计打开,选择试件被检表面为测量点,测量被检表面温度并作记录。见图 14-3 所示。注意:记录试件被检表面温度时,应记录测量到的具体温度,如:被检表面温度 35 ℃。而不要把表面温度填写为室温。

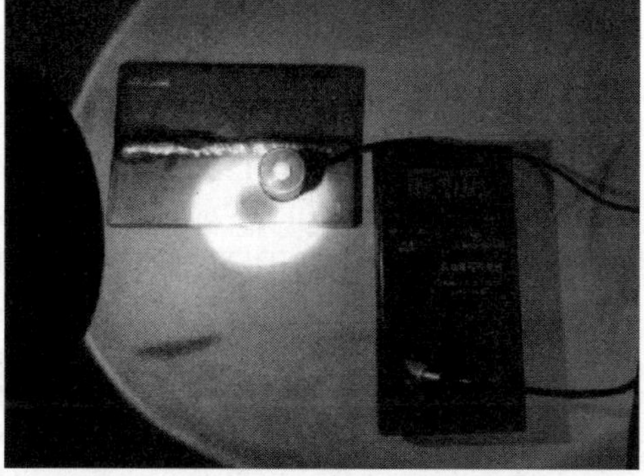

图 14-2 测量试件被检表面光照度

图 14-3 测量试件被检表面温度

## 三、操作步骤及要求

对灵敏度试块和被检试件焊缝进行渗透检测。

(1) 表面准备

去除被检表面(焊缝+焊缝两侧 15 mm 热影响区)及两侧 25 mm 区域影响渗透检测的铁锈、氧化皮、各种防腐层等。

(2) 预清洗和施加渗透剂前的表面干燥

直接将清洗剂喷洒在被检表面及两侧 25 mm 区域上,然后用清洁不起毛的布或纸擦洗这些区域,去除所有妨碍渗透检测的污垢。见图 14-4 所示。

被检表面在预清洗后和施加渗透剂前必须充分干燥,且应保证在施加渗透剂前不被污染。干燥可采用清洁不起毛的干布或纸擦干,也可采用自然蒸发使被检表面干燥,如环境湿度过大可用电吹风机吹干被检表面(温度不大于 50 ℃)。

注意:表面准备和预清洗范围为被检表面(焊缝+热影响区)及被检表面两侧 25 mm 区域。使用电吹风吹干被检表面时,可用手来感觉吹风温度。

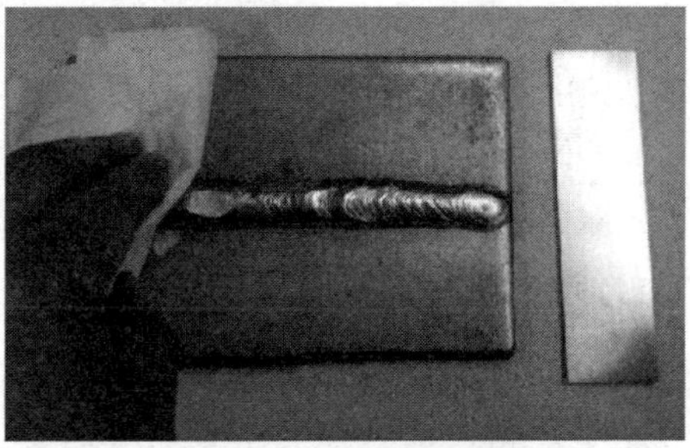

图 14-4　预清洗被检表面

(3) 施加渗透剂

被检表面干燥后,采用刷涂的方法对被检表面施加渗透剂,在整个渗透时间内(不少于 10 min),被检表面必须完全被渗透剂覆盖并保持湿润状态。见图 14-5 所示。

注意:渗透剂刷涂区域为被检表面(焊缝+焊缝两侧 15 mm 热影响区)。不要将渗透剂刷涂得太宽、太多。

表面温度在 10～50 ℃温度下,渗透时间不少于 10 min;表面温度在 5～10 ℃温度下,渗透时间不少于 20 min。

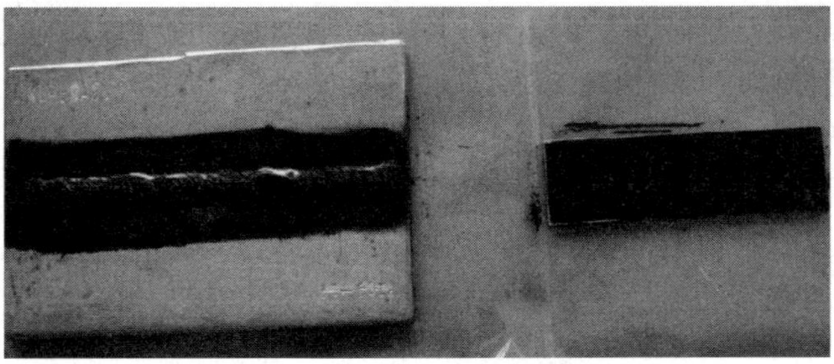

图 14-5　被渗透剂覆盖的被检表面

(4) 去除处理

达到规定的渗透时间后,应先用布或吸湿纸擦去过量的渗透剂,直至绝大部分过量的渗透剂被去除,再用清洗剂润湿的布或吸湿纸擦去表面多余的渗透剂。多余渗透剂去除后,可以采用自然蒸发或擦干的方法使被检表面干燥,如环境湿度过大也可用电吹风吹干(温度不大于 50 ℃)被检表面。见图 14-6,图 14-7,图 14-8 所示。

注意:在去除多余的渗透剂时,应注意防止过度去除而使检测质量下降,同时也应注意防止去除不足而造成对缺陷显示识别困难。不得往复擦拭,不得用清洗剂直接在被检面上冲洗。

图 14-6　擦去过量渗透剂后的被检表面

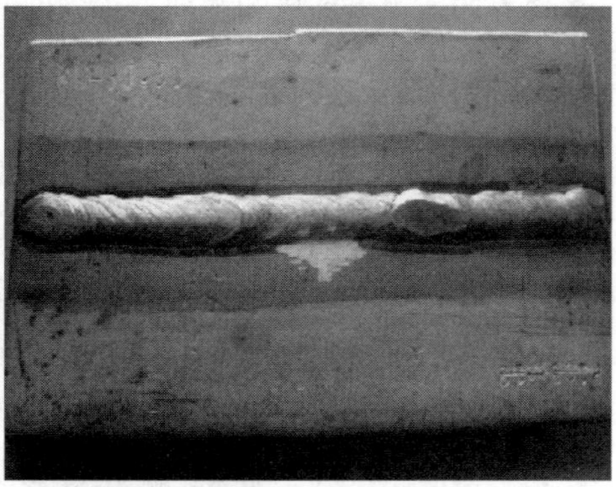

图 14-7　擦去表面多余的渗透剂

图 14-8　去除多余渗透剂后的被检表面

(5) 施加显像剂

被检表面干燥之后,使用喷雾罐均匀喷涂显像剂,显像剂喷涂厚度应适中。喷雾罐在使用前必须充分摇晃,以使显像剂的浓度均匀,并进行试喷验证。

喷洒距离和角度应能使显像剂形成一层均匀的薄膜。显像时间不小于 7 min。见图 14-9,图 14-10,图 14-11 所示。

注意:确保被检表面都被显像剂均匀覆盖。显像剂涂层不能太薄,也不能太厚。显像剂涂层太薄,不能有效吸出缺陷中的渗透液,且对比度也不足;显像剂涂层太厚,会掩盖微细缺陷。

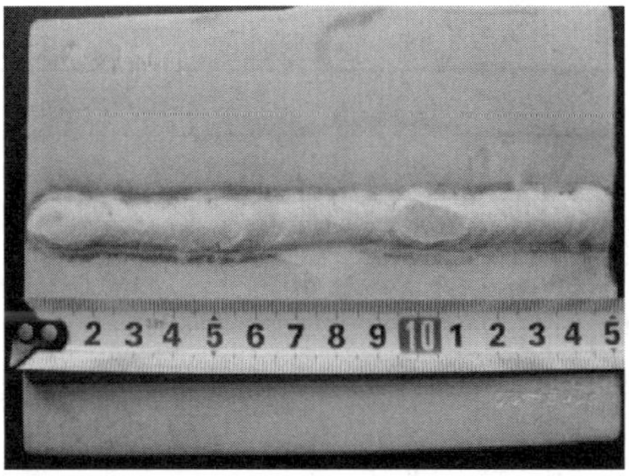


图 14-9 喷涂显像剂

图 14-10 喷涂显像剂后的被检表面

图 14-11 喷涂显像剂后的灵敏度试块表面

(6) 观察、评判、记录

显像剂施加后，应观察显像的形成过程。对显示痕迹评判、记录，应在显像剂施加后的7～60 min 内进行。采用示意图和文字叙述的方法记录缺陷显示痕迹的位置、数量、尺寸和性质。

缺陷显示痕迹的位置：以试件编号侧为参考零点，及缺陷显示痕迹离试件编号侧的距离；缺陷显示痕迹的数量：一组缺陷显示痕迹不超过5条(个)，应记录该组缺陷显示痕迹的数量；一组缺陷显示痕迹超过 5 条(个)，则记为密集显示；缺陷显示痕迹的尺寸和性质：缺陷显示痕迹的大小，缺陷显示痕迹是线性显示或圆形显示。

(7) 后处理清洗试件、灵敏度试块，清理操作场地。

(8) 记录格式填写操作记录表，要求各项内容填写清晰、完整、准确。渗透检测操作记录表填写示例详见表 14-1 所示。

## 四、操作要求

初、中级工操作考核，要求记录缺陷显示痕迹的位置、数量、尺寸和性质(线性、圆形)，并在示意图上标出缺陷显示痕迹的相应位置、形状和大小，不要求进行焊缝质量评定。

高级工操作考核，要求对显示痕迹进行分析、评定，记录缺陷显示痕迹的位置、数量、尺寸和性质，对焊缝质量进行评定(按 NB/T 47013.5—2015 标准Ⅱ级验收)。并在操作考试前预先准备工艺卡。

技师、高级技师操作考核，要求对显示痕迹进行分析、评定，记录缺陷显示痕迹的位置、数量、尺寸和性质，对焊缝质量进行评定(按 NB/T 47013.5—2015 标准Ⅱ级验收)。除此外，还应按照指定标准要求，编制一份指定检测对象的渗透检测规程。

**表 14-1 渗透检测操作记录表填写示例**

<table>
<tr><td>试件名称/编号</td><td colspan="2">试板××</td><td>材料</td><td>不锈钢</td><td>试件规格</td><td colspan="2">150×100×4 mm</td></tr>
<tr><td>检测表面状态</td><td colspan="2">焊后自然状态</td><td colspan="2">被检表面温度</td><td>20 ℃</td><td>表面照度</td><td>1 250 lx</td></tr>
<tr><td>渗透检测方法</td><td colspan="7">溶剂去除型着色法</td></tr>
<tr><td>检测剂型号</td><td rowspan="2">渗透剂</td><td>HD-RS</td><td rowspan="2">清洗剂</td><td>HD-BX</td><td rowspan="2">显像剂</td><td colspan="2">HD-XS</td></tr>
<tr><td>检测剂批号</td><td>123456</td><td>123456</td><td colspan="2">123456</td></tr>
<tr><td>灵敏度试块</td><td>名称</td><td colspan="2">不锈钢镀铬裂纹试块</td><td>编号</td><td>123456</td><td>等级</td><td>3 级</td></tr>
<tr><td>预处理方法</td><td colspan="2">擦拭</td><td>渗透方式</td><td colspan="4">刷涂</td></tr>
<tr><td>渗透时间</td><td colspan="2">12 min</td><td>干燥方式</td><td colspan="4">自然</td></tr>
<tr><td>干燥时间</td><td colspan="2">6 min</td><td>清洗方式</td><td colspan="4">擦洗</td></tr>
<tr><td>显像方式</td><td colspan="2">喷涂</td><td>显像时间</td><td colspan="4">15 min</td></tr>
<tr><td>检测标准</td><td colspan="2">NB/T 47013.5—2015</td><td>验收标准</td><td colspan="4">NB/T 47013.5—2015(Ⅱ级)合格</td></tr>
</table>

示意图及说明：

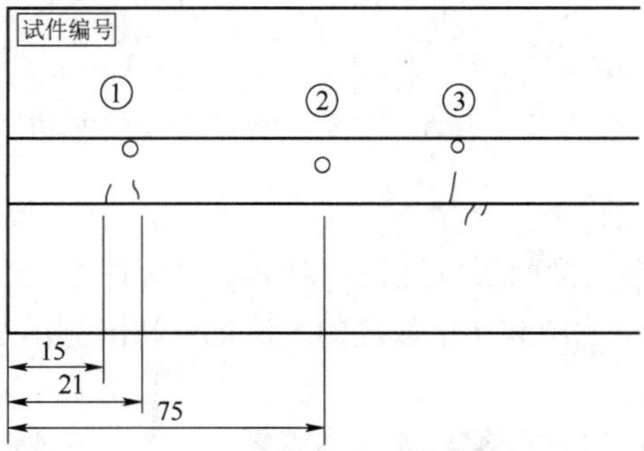


缺陷显示记录

缺陷显示记录

<table>
<tr><td>显示编号</td><td>显示位置(距离试件编号侧/mm)</td><td colspan="3">显示数量、性质、尺寸(mm)</td></tr>
<tr><td>1</td><td>15～21 mm</td><td colspan="3">4 条线性显示，其中最长的显示长 3 mm</td></tr>
<tr><td>2</td><td>75 mm</td><td colspan="3">1 个 $\Phi$2.5 mm 的圆形显示</td></tr>
<tr><td>3</td><td>100～116 mm</td><td colspan="3">1 个 $\Phi$2 mm 的圆形显示。3 条线性显示，其中最长的显示长 4 mm</td></tr>
<tr><td>/</td><td></td><td colspan="3"></td></tr>
<tr><td colspan="2">检测结论(高级工、技师、高级技师填写)</td><td>不合格</td><td>日期</td><td>×××××</td></tr>
</table>

# 参考文献

[1] 胡学知. 渗透检验. 北京:中国劳动和社会保障出版社,2007.
[2] 全国锅炉压力容器无损检测人员资格鉴定考核委员会. 渗透检验. 中国锅炉压力容器安全杂志社,2007.
[3] 胡天明. 表面探伤. 武汉:武汉测绘科技出版社,2000.
[4] 全国锅炉压力容器标准化技术委员会. NB/T 47013—2015《承压设备无损检测》. 北京:新华出版社,2015.
[5] ASME(1998 版)《锅炉压力容器》第Ⅲ卷:核设施部件建造规则.
[6] ASME(1998 版)《锅炉压力容器》第Ⅴ卷:无损检验.
[7] ASME(1998 版)《锅炉压力容器》第Ⅺ卷:核电厂部件在役检查规则.
[8] RCC-M(2000 版)压水堆核岛机械设备设计和建造规则.
[9] RSE-M(1997 版)核电厂核岛机械设备在役检查规则.